韓式
愛美大作戰

黃依藍⊙著

目　錄

7　　推薦序1　　韓式整型美容紅不讓　　牛爾

8　　推薦序2　　美麗而絕不野蠻的哈韓作家　　吳建恆

9　　推薦序3　　愛美不用花大錢　　李明川

10　　作者序　　韓國愛美日記　　黃依藍

12　　**來台高麗妹造型大車拼**

李英愛、宋慧喬
金玟、金素妍
崔智友、宋允兒
李貞賢、S.E.S
朴志胤、蔡琳
誰是造型天后？

24　　**整一整更有型**

韓國明星多是人工美
整型醫生眼中的韓國審美觀
整型醫院林立的江南狎鷗亭
李東落整型外科、佳人整型外科
張宇英整型外科、金仁燮整型外科
S&U CLINIC

48 高麗美眉超會妝

　高麗妹個個都是化妝師
　韓國化妝品給你好臉色

60 美容護膚水噹噹

　人參桑拿
　麥飯石
　汗蒸幕
　海水三溫暖
　汗蒸幕和三溫暖設施
　韓國溫泉一覽表

86 三大暗拼區名店大搜索

　明洞
　不可錯過的明星代言品牌
　台灣找不到的正點貨色
　吃在明洞最滿足
　觀光客必逛的樂天免稅店

作
者
序

5

梨大

直搗裴勇俊的OLD & NEW服飾

張東健金喜善聯手賣金飾

個性小店尋寶路線

下午茶好去處

東大門

髮飾首飾來這挑就對了

亮片牛仔褲巫婆鞋韓味十足

訂做一件美美韓服

帳棚攤子和Doota美食

我最愛的韓國流行小物

130　一百句簡單韓文加油站

138　附錄

遊韓注意事項

韓國地圖、漢城地圖

146　後記

極樂韓國歷險記

世代美容新教主——牛爾

韓式整型美容紅不讓

最近與朋友們聊天的話題似乎都圍繞著美容整型打轉，「整型」真的開始流行起來了。

說起整型，可能你不知道整型醫學的發達是拜戰爭所賜，由於兩次世界大戰許多軍人因為戰爭而造成顏面傷殘，不是缺了一塊鼻子就是少了一隻耳朵，這迫使外科醫師們絞盡腦汁，想辦法如何重新再造一張自然而容易讓人接受的臉，因而讓美容整型的技術有了突飛猛進的成長。

其實「整型」在我們的這一代的觀念是相當受到排斥的，原因是早期台灣整型幾乎就是小針美容的代名詞，用矽膠注射的方式改變五官與臉型，結果造成一張張可怕而極不自然的「歌仔戲」臉。然而隨著整型技術的突飛猛進，整型已經被視為一種結合美學藝術與醫學技術的專門學問。

看過韓劇「藍色生死戀」、「愛上女主播」以及最近極為熱門的「冬季戀歌」，雖然劇情對我而言有時稍嫌夢幻了些，有點像是小時候流行的瓊瑤式三廳文藝片，然而重溫這種夢幻的感覺似乎也不錯，特別是劇中有著無瑕面孔的男女主角，讓人看了賞心悅目，不得不讚嘆他們五官的精緻之美，就算是經過鬼斧神工，也是藝術品一件。

其實人沒有完美的，有些五官的特徵是擦再多保養品、抹再多粉底也無法改變的。如果你一直為這些感到煩惱，我非常鼓勵大家藉由整型的方式來改善，然而別忘了做好充足的準備與諮詢，透過依藍認真的採訪和整理，相信大家對「整型」的知識也有更多的認識，希望每個人在愛美的路上，都能先有足夠的資訊、清晰的頭腦，去做精緻的判斷。

東洋娛樂名主持人──吳建恆

美麗而絕不野蠻的哈韓作家

認識黃依藍已經有一段時間,一直知道她是一位樂在工作的娛樂記者(且曾與我同為中廣大家庭的一份子),但不知道從何時開始,她變成了哈韓族。

她不但哈韓,而且頭頭是道,哈的超乎標準變成專業人士。後來還出了書把我嚇一跳,原來她已經哈成精也成道了!更厲害的是,她總是靜悄悄的進行計劃,像韓國人一樣,在最緊要的關頭你突然發現,她早就練就了一番功夫,隨時可以出擊。於是,第二本書很快又誕生了。

黃依藍曾在上我節目談新書時送給我一隻招財貓,這隻貓在我這裡沒發揮太多效用。這幾年我沒發財,連書也沒寫出來。倒是黃依藍源源不絕的創作力,比母貓生小貓動作還快,而且血統純正,一點也不像是混血的哈韓作家。

朝專業作家邁進的黃依藍,在這本創作中用不到的部份是韓國人的整型熱潮。因為她已經長的夠像韓國連續劇裡的美麗女主角,而且絕不野蠻。加油!

(作者註:我聽吳建恆說,在他訪問的韓國女星中他最喜歡李貞賢,因為她講話總是帶著甜甜的笑容,加上小小的臉蛋十分精緻可愛,淡妝也很漂亮……對啦!嬌小可愛加溫柔甜美就是吳建恆喜歡的型,下次我去韓國比較有閒時,再幫建恆注意看看,當然如果台灣能找到是更好,日本我想也蠻適合他的……)

知名服裝造型師──李明川

愛美不用花大錢

　　Blue是個很有很有想法跟主見的女生，想當初她可是我們娛樂圈口耳相傳的美女記者，但她不甘於成為大家想像中那種「美女無腦」的既定印象，先出了本《跟著偶像Fun韓假》，緊接著又要推出《韓式愛美大作戰》，刀槍齊全地要進攻出版界！

　　這本《韓式愛美大作戰》，Blue運用了她過往製作節目的創意，將影像結構轉化成文字，舉凡關於韓國女星的穿著打扮、哪裡可以買到當地最物美價廉的發燒小貨、甚至是藝人代言的品牌都有詳細的介紹，這樣有趣又充實的內容對於想前往韓國旅遊的讀者，甚或想觀察體驗韓國文化，都是很棒的入門！

　　記得之前參加Blue所製作主持的「造型天后大比拼」，幾次評論到韓國女星的造型，總是讓人驚呼連連，不是覺得超清純就是超火辣，這樣的流行文化跟港台日本都迥然不同。在我的觀察裡，日本女生已經是很會化妝很會弄頭髮的了，她們喜歡嘗試新花樣，而且重視顏色的搭配，不過在化妝、髮型這兩方面，韓國妹妹似乎更有一套，她們願意花很多的時間精力去仔細勾勒自己的五官，讓妝看起來完美無暇，而頭髮方面則是一定有「型」，且早已知道自己最適合什麼髮型，如果要留現在最流行的直長髮，一定會想盡辦法護髮，總之她們很在乎美麗的本質，對美麗一點都不含糊，這一點我很欣賞。

　　其實和Blue合作節目很愉快，因為她是很用功的人，想到把造型和新聞結合在一起的做法，的確很有娛樂性；而且她是雙子座，對於百變花招的接受度很高，這點和我對造型的要求想法很一致。此外，我們都覺得愛漂亮其實不用花大錢，最重要的是資訊要夠、想法要多、敢勇於嘗試，相信《韓式愛美大作戰》裡有很多新鮮的idea等著愛美的妳去發現。

哈韓掌門人──黃依藍

韓國愛美日記

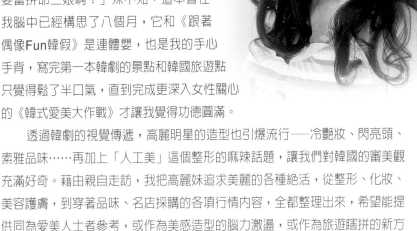

　　在《跟著偶像Fun韓假》推出不到半年，我又寫了這本《韓式愛美大作戰》，朋友們都說：「哇！妳手腳真快！」、「果然記者出身的有效率喔！」、「依藍要當拼命三娘啊！」殊不知，這本書在我腦中已經構思了八個月，它和《跟著偶像Fun韓假》是連體嬰，也是我的手心手背，寫完第一本韓劇的景點和韓國旅遊點只覺得鬆了半口氣，直到完成更深入女性關心的《韓式愛美大作戰》才讓我覺得功德圓滿。

　　透過韓劇的視覺傳遞，高麗明星的造型也引爆流行──冷艷妝、閃亮頭、素雅品味……再加上「人工美」這個整形的麻辣話題，讓我們對韓國的審美觀充滿好奇。藉由親自走訪，我把高麗妹追求美麗的各種絕活，從整形、化妝、美容護膚，到穿著品味、名店採購的各項行情內容，全都整理出來，希望能提供同為愛美人士者參考，或作為美感造型的腦力激盪，或作為旅遊瞎拼的新方向。

　　而這一趟採訪，自覺收穫最多的，當然還是在訪問韓國整形醫師的部分，因為整形話題在台灣還處在比較保守的階段，想要看看整形前後的差異照片並不容易，通常醫生會站在保護病人的立場而不提供。不過國情的不同，韓國對整形的接受程度和表達方式都明顯開放許多，而我頗為欣賞的是他們對美感精雕細琢的用心，以及追尋完美的自我要求精神。「I will be back.」是我對韓國整形醫生告別時說的話，愛美無罪，爸媽不能給你的，就靠自己努力吧！

此外，記得我第一次跟團來韓國時，什麼都好，就是逛得不夠過癮，因為團給的shopping時間太短了，而且又沒有足夠的韓國導遊書有細節的瞎拼區店家介紹，大家只能瞎子摸象亂瞎一通。唉！女生要是旅程中沒有好好逛到、買到自覺滿意的不得了寶貝、回國後便無法開心炫耀，整個旅程就會有所遺憾……。所以，為了讓大家下手狠、準、有目標，我就先以自己的逛街經驗畫下尋寶圖，若是在滿足地逛完東大門、明洞、梨大之餘，再去做做人蔘桑拿、麥飯石、汗蒸幕和海水三溫暖等美容活動，保證容光煥發、度假愉快。而這樣的「仕女行程」也有幸獲得新奇旅行社王振益總經理的認同，加強韓國美容與瞎拼行程的團也將應運而生。

　　不過這趟採訪，姑娘我雖有滿腔熱血要發問追究，但無奈惡補的韓文不甚輪轉還無法成氣候，因此在這裡我要深深感謝對這次採訪居功厥偉的翻譯人員們：溝通很有說服力的國慶旅行社于璽政大哥、中文學一年就很溜的愛寶樂園蔡馨基大哥、英文很棒的亂打秀Kim Yong-Jae 大哥(謝謝你們協助我語言順利轉換的功勞和陪著踏破鐵鞋的苦勞)，另外還要謝謝我「愛美話題」的顧問──梨大畢業的李喜真小姐，跟她閒聊我都要猛作筆記，至於從「頂級觀光客」降為「採訪小助理」的我妹以潔，在此也向她說聲辛苦了。

　　此外，全力支援我成行的台北新奇旅行社王總、在韓國大力協助我的國慶旅行社、提供資料引薦我採訪對象的Daily Sports和韓國觀光公社，謝謝你們的幫助才促成小
女子我這本書的誕生。

來台高麗妹造型大車拼

　　韓劇會在台灣如此轟動，跟劇中高麗美眉擁有楚楚可人的模樣絕對脫不了關係，一心引頸期盼能親眼目睹佳人丰采的台灣fans們，終於陸續等到李英愛、宋慧喬、金素妍、金玟、崔智友、宋允兒和多位人氣女歌手的大駕光臨寶島行。

　　現在，且讓我們再一同來睜大眼睛，看看這些漂亮寶貝們戲裡戲外、台上台下的模樣變化，各自展現了什麼樣不同的高麗風情？

李英愛

李英愛小檔案

身高：165cm

體重：48kg

星座：水瓶座

血型：AB型

視覺焦點：

笑容、氣質

李英愛第一次來台造型。

　　「氧氣美女」李英愛，來台三次造型都是走她那「萬變不離其宗」的典雅、清新、氣質路線。第一次為「祇愛陌生人」前來宣傳時，一頭烏溜溜的及肩直髮配上金色絲緞襯衫、窄裙，靈氣逼人；第二次為「火花」來台造勢時，剪了頭俏麗短髮，穿著水綠色套裝，站在英挺的男主角車仁表身旁，顯得格外小鳥依人、溫柔婉約；到了第三次為「火花」重播再度光臨寶島時，正值春節，李英愛在素

李英愛第二次來台造型。

李英愛第三次來台造型。

雅的黑白配之外，加了條鮮紅色圍巾，造型相當搶眼。工作人員表示，李英愛平常很少使用顏色強烈的穿著搭配，但她知道中國人過年喜歡「紅」，就入境隨俗這樣打扮，沒想到效果這麼好，也讓台灣影迷覺得她格外親切。

　　我說李英愛的這張臉真是超級值錢，廣告價碼在韓國是數一數二高(另一位天價阿姐是沈銀荷)，但她可從來沒多露過一點肉，除了火花第一集因「外遇戲」劇情需要，有大膽的脫衣鏡頭之外，其他不論演戲、拍廣告、出席記者會永遠都是包得紮紮實實、密不透風，十足「良家婦女」。像一般女星喜歡突顯性感的低胸、短裙裝扮，或留個大波浪捲髮，沒事再來個甩長髮的動作，李英愛全都不會，也都不需要做，因為只要她微微一笑，就已顛倒眾生，什麼「招數」都還沒使，就電掛了一竿子人，你說，單她這一張「臉」是不是就已經太值錢了？

造型大車拼

宋慧喬

宋慧喬第一次來台造型。

宋慧喬小檔案

身高：164cm
體重：45kg
星座：雙魚座
血型：A型
視覺焦點：
　臉蛋、胸部

在台人氣NO.1的宋慧喬，因為本身擁有台灣人最喜歡的那種「清純甜美」偶像氣質，因此不需華服襯托、也不需特別新潮的妝，就能讓迷哥迷姐瘋狂到虛脫。

像宋大妹子因「藍色生死戀」走紅，第一次來台會影迷那次，梳著兩條麻花辮，穿著有些寬大的咖啡色長洋裝加牛仔外套，被部分造型師批評「有些土味」、「像大陸妹」，但是還是紅到不行，因為可愛的娃娃臉和鄰家女孩氣質已徹底征服寶島人心，走到哪都是讚美聲不斷。

不過宋慧喬第二次來台，造型就有了明顯改變，雖然還是青春走向，但尺度開放許多，橘紅色細肩帶低胸小洋裝，展現慧喬妹妹頗具實力的上圍，大領口黑外套加帽子造型，讓她遊走在女人和女孩之間，令人難以捉摸。此外，剪了難得的捲翹短髮，也令熟悉「藍色生死戀」、「情定大飯店」、「順風婦產科」和「守護天使」的慧喬影迷們，有耳目一新的感受。

宋慧喬第二次來台造型。

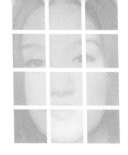

金玟身材極其纖細。

金玟

金玟來台的冷艷打扮。

金玟小檔案

身高：170cm

體重：43kg

星座：雙子座

血型：B型

視覺焦點：五官

　　巴掌臉蛋、170的身高加上極為纖細的身材，金玟的衣架子，是現今追求「瘦還要更瘦」的女性們夢寐以求的目標。

　　分別為「祇愛陌生人」戲劇宣傳和金馬獎頒獎典禮來台兩次的金玟，也著實讓我們見識到了她的「浪漫」與「華貴」不同造型。前者的波浪捲髮、珍珠項鍊和玫瑰花洋裝，翩翩帶來了春天的消息；而後者的暗色長禮服和艷麗濃妝，則明顯襯托出金玟修長的雙腿以及小巧精緻的五官，極具冷艷之美。

　　從小移民國外的背景，讓金玟能說流利的英語，這項優勢也使得她進軍國際發展較順利，相信不少看過成龍「特務迷城」的觀眾，一定都對電影中金玟所飾演的女記者角色印象深刻(因為真的好美)，那種具有知性、慧黠、幹練的模樣，又是金玟吸引人的另一種型。

造型大車拼

15

金素妍

有別女主播的性感裝扮。

金素妍小檔案

身高：169cm
體重：48kg
星座：天蠍座
血型：O型
視覺焦點：五官

「愛上女主播」裡的「美麗壞主播」金素妍，是標準的韓國瓜子臉長髮美女，五官無懈可擊。雖然在劇中，金素妍壞到令人想狠狠賞她兩巴掌，但根據我私下訪查，不少男士們還是會跟戲裡癡情的佑振哥一樣，因為她的「美」而原諒她的「壞」(唉！這就是牡丹花下死，做鬼也風流吧！)，可見此妹魅力有多大。

有別於「愛」劇中前期樸素的學生打扮和後期規矩的主播套裝，年紀輕輕(還在就學)的素妍妹來台穿得格外柔和粉嫩，女人味十足。突出的輪廓、飄逸的長髮、合身的洋裝、修長的美腿，在在謀殺了攝影記者的底片，更重要的是，她不壞，也不冷，謙恭有禮配合度又高，美貌之外再大大加分。

金素妍來台很有女人味。

崔智友

「冬季戀歌」讓崔智友知名度急速升高。

崔智友小檔案

身高：173cm

體重：50kg

星座：雙子座

血型：A型

視覺焦點：整體

演出「冬季戀歌」之後，崔智友人氣扶搖直上，溫柔秀氣的外型，成為不少台灣男士們心目中「最新的夢中情人」。

事實上，早在崔智友為「美麗的日子」和「美麗的謊言」來台宣傳時，就已經有不少人看好她的實力——模特兒的出身、脫俗的外貌加上端莊的言行舉止，頗有日劇女王「松島菜菜子」的味道。當時在記者會上，低調且話不多的崔智友，戴著一條別緻的珍珠項鍊，一頭黑色長髮配上一襲黑色長禮服，雖然不是很艷很亮的那種女星，但優雅賢淑的氣質卻十分令人憐愛，而這項特質，也讓她成為尹錫湖導演的「冬季戀歌」最佳女主角不二人選。

崔智友來台的大家閨秀模樣。

宋允兒

「情定大飯店」中的飯店經理造型。

宋允兒小檔案

身高：169cm
體重：48kg
星座：雙子座
視覺焦點：整體

　　因為「情定大飯店」女經理角色走紅台灣的甜姐兒宋允兒，雖然在戲中多以飯店工作人員制服造型出現，但是多看看允兒其他的戲——「紙鶴」、「法庭風雲」、「逆火青春」、「我愛熊」、「Mr.Q」等等，會發現可艷麗、可清純、可喜感的她還真是千面女郎呢！

　　不過從宋允兒來台參加金鐘獎的記者會和頒獎典禮造型看來，這位螢幕上造型多多的長腿姊姊，私底下還是比較偏愛素雅的服裝。記者會上一件剪裁合身的黑白配上衣、一頭自然柔順的短髮，簡單俐落襯出允兒的絕佳好氣色，也將她的靈氣和知性美表露無疑；而頒獎典禮上的她則是將秀髮挽成高雅的髮髻，穿上絲質白色禮服，閃閃動人、落落大方，彷彿出水芙蓉。

宋允兒來台穿著典雅俐落。

李貞賢的行頭總是炫麗有型。

李貞賢

李貞賢小檔案

身高：163cm

體重：43kg

星座：水瓶座

血型：O型

視覺焦點：流行感

在韓國擁有「百變天后」及「指麥天后」(麥克風戴在小指上唱歌)頭銜的李貞賢，因為是鄭秀文「眉飛色舞」的原唱者，並且又曾傳出鄭秀文學李貞賢的舞蹈模仿風波，而讓中、港、台對這位韓國天后更加熟識。

小小的臉蛋配上纖細的身材，李貞賢在舞台上爆發力十足，而來台參加「夏日韓流演唱會」時所穿一襲擁有「三種變裝法」的金色舞台裝，更令全場驚艷不已——一開始李貞賢以一件金色的貼身大衣配上水袖(有點改良式和服的味道)，跳出別具東方神秘風采的舞蹈。隨後脫下大衣，露出了金色緊身衣、小喇叭褲，外加一件別緻的珍珠漁網裝，整個人看起來好像一隻小美人魚，可愛極了；不過轉眼間，李貞賢又快速換裝成金色小可愛加超短迷你裙，跳著如同埃及壁畫上的水蛇舞，媚惑靈活，讓歌迷的情緒high到了最高點！

李貞賢的美人魚舞台裝令人驚艷。

造型大車拼

19

S.E.S

S.E.S第二次來台造型。

S.E.S 小檔案

Sea
164cm、46kg、
雙魚座、AB型

Eugene
160cm、45kg、
雙魚座、A型

Shoo
160cm、44kg、
魔羯座、A型

視覺焦點：流行感

　　紅不讓的女子團體S.E.S，是韓國少女穿著打扮的流行指標，凡是最in的髮型、服裝和小配件，都可以在他們身上找到，而唱片公司也深知這三位女娃的流行影響力，每逢出片都使出不停換裝的法寶，讓MTV看起來像表演服裝show，提供觀眾視覺一大享受。

　　看到S.E.S 最舒服的一點是，三人的造型很有一致性，同中求異，異中有同。像最近一次來台，三個人都留起長直髮，但靠黑、褐、金不同髮色來做區別，而在服裝上，雖然都是紅白配的雪紡紗裙裝，不過搭配方式和領口形式則有差異，有V領小背心、有高領緊身衣、也有平口細肩帶洋裝，值得小小研究一番。而這次的精心打扮，留給台灣歌迷的最深印象是……喔！小女孩長大了呢！因為三個人看起來都比以前淑女許多！

S.E.S第一次來台造型。

朴志胤

模特兒出身的朴志胤是服裝廠商爭邀的代言人。

朴志胤小檔案

身高：172cm
體重：48kg
星座：魔羯座
視覺焦點：髮型、身材

朴志胤來台時，秀髮非常吸引人。

能唱能跳的漂亮寶貝朴志胤，從「成年禮」這張專輯開始，要描述她又多了「性感」這個形容詞，因為當朴志胤穿著削肩、露背、高又長裙在台上勁歌熱舞時，所有的人眼裡都快看出火來，目光久久難移，難怪唱片公司還幫朴志胤保了胸部險和腿部險呢！而在最近的這張專輯「我是男人」中，朴志胤又展現了雌雄莫辨、偷龍轉鳳的魅力，一會兒穿起西裝打領帶好個帥哥樣，一會兒又穿起可愛圍裙扮甜姐，令人眩惑，不過從朴志胤的男裝打扮上，我們又發現了她的另一種性感風情。

不過為演唱會親自來台的朴志胤，在記者會上倒是穿得保守了些，一件中規中矩的黑色洋裝，令人有些小小失望，還好染得黃橘黃橘的長髮非常有野性美，成為視覺焦點。

蔡琳

蔡琳小檔案

身高：168cm
體重：48kg
星座：牡羊座
血型：A型
視覺焦點：笑容、
鼻子

蔡琳來台是標準的甜姐兒裝扮。

「善美來了！」從愛上女主播之後，不少善美迷就希望蔡琳能趕快來台，可惜這位甜姐兒一直片約不斷，寶島行久久沒有下落，心急如焚的Fans甚至自己組團飛到韓國去找她。或許深受感動吧，蔡琳終於為了新片「現正戀愛中」翩然來台，本身也處於「現正戀愛中」的蔡琳，果然特別容光煥發，一下機的裝扮——緊身牛仔褲、荷葉邊黑上衣，外加大大的黑墨鏡，超級有型，也展現了她甜美臉蛋外的窈窕身段。

而記者會上蔡琳所選擇的穿著與她甜美的形象非常合襯——粉紅色碎花絲質上衣，配上湖水綠碎花紗質長裙，感覺典雅柔美，而且長裙還是現在最流行的一層一層「蛋糕裙」，穿在娃娃臉又特別愛笑的蔡琳身上，又多了些俏皮可愛的小女孩味道。總之蔡琳這次來台，呈現得就是個「女人」和「女孩」的綜合體，特別有一股迷人的韻味，比起她在「愛上女主播」和「親愛的妳」裏面成熟些，或許公開和歌手男友李承煥的戀情，是她擁有如此魔力的主要原因。

台灣影迷自己組團去韓國見到的蔡琳。

誰是造型天后？

　　以上十位韓國女星來台造型，究竟誰穿得最美最炫最有型，可以榮登高麗妹造型天后寶座呢？一起來聽聽評審的意見。

品評搭配成績

造型師 李明川
☆三立「完全娛樂」「完全娛樂PS」造型師，為藝人設計造型深具經驗
☆著有造型專書「變變俱樂部」

　　哇！李貞賢不愧被稱做是「百變天后」，她這身行頭在台灣藝人身上還沒見過，光澤度也很耀眼，的確令人眼睛一亮，應該登上造型天后寶座。另外我很喜歡李英愛的紅圍巾，雖然圍巾本身並沒有什麼特別，但是被她這樣配上卻很搶鏡上鏡，是成功的穿衣示範。倒是宋慧喬的牛仔外套太「路人」了，有點像剛下飛機的感覺，應該脫掉或增加變化。

品評創意成績

東洋線娛樂記者 洪克志
☆曾任職三立完全娛樂東洋線記者
☆現職MUCH TV東洋娛樂記者

　　我個人蠻欣賞金素妍這次來台的穿著打扮，因為跟她在戲裡的差異很大，顯得格外柔情、甜美、有女人味，我想男性朋友應該都會特別注意吧。不過以創意的角度整體來看，還是李貞賢那三段式變裝最炫，而且一套一套之間的銜接非常順暢，舞步和造型也配合得十分完美，應該得第一名。

品評亮麗成績

中韓翻譯(正港高麗妹) 李喜眞
☆現職韓劇代理商因思銳企業課長
☆多次接待來台韓國藝人並擔任翻譯

　　要比亮麗，我當然也是選李貞賢囉！尤其她的金色在舞台上效果格外突出，相信每個人都可以感受到她所散發的光和熱，而且在韓國，李貞賢的帶動力也很強，她穿金色表示今年金色會很流行。另外我還要誇獎一下崔智友，我覺得她這樣穿很神秘，氣質非常好。還有S.E.S的打扮看得出從可愛變成熟了，我也很喜歡。

三冠王 李貞賢 的穿衣哲學&保養之道

　　登上這次高麗妹「造型天后」寶座的李貞賢，私底下的穿著打扮也很「辣」！每天上健身房運動兩小時的貞賢妹妹，平常喜歡穿超短熱褲和超緊牛仔褲，來展現她纖細又結實的好身材。

　　而對服裝搭配頗有個人見解的李貞賢說，雖然自己也會買成套的衣服，但是她喜歡上下拆開來穿，讓一套衣服有多種變化，否則自己容易穿膩，別人也會看膩，這是增加造型很基本的小秘訣。

　　此外，對於從臉到身體的保養工作，李貞賢也是一點都不含糊，不管到哪工作都是瓶瓶罐罐一大堆。除了化彩妝必備的眼影口紅和粉底(最喜歡香奈兒)之外，李貞賢認為保濕乳液一定要擦，才能補充皮膚水分，眼睛要使用含檸檬、維他命C的眼睛專用眼霜，每晚睡前要用泥巴面膜清潔全臉。

　　至於身體平常會擦香水味道的乳液，運動過後會擦紓解肌肉酸痛的乳液，又因為自己常練舞，所以也會特別注意足部保養，再擦促進血液循環的乳液。而現在流行的各種精油，李貞賢也會買來倒在洗澡水中消除疲勞，當然洗完澡後更是關心肌膚的最好時機，一定要擦皮膚緊實精油。如此勤勞保養，難怪水噹噹呢！

韓國造型天后李貞賢是香奈兒的愛用者。

造型大車拼

整一整更有型

常聽人說韓國都是整形美女，很多女生高中一畢業就急著先整形，不但因為年紀輕恢復快，而且早點變漂亮也好交往條件比較的男生，這樣的行為父母不但不反對，甚至還會幫女兒把手術的費用準備好……聽到如此咋舌的說法，我帶著半信半疑的心情，決定到韓國親自訪問整形醫生，並與韓國男女多討論這類話題，當然一路上更是像星探般緊盯著美女看，希望能找出一個公正客觀、不
不亢又不帶嫉妒心的答案。

明星整型前後照——金南珠。

明星整型前後照——蔡琳。

明星整型前後照——金喜善。

韓國明星多是人工美

台灣人會開始注意韓國整形是否盛行，絕對是看了韓劇的關係，一來是覺得韓國的俊男美女怎麼會突然變得那麼多？以前怎麼沒有注意到呢？印象裡不都是大餅臉嗎？二來是當鏡頭大特寫時，還真覺得有些明星的五官(尤其是鼻子)完美得不太自然，跟東方臉型也不太符合，再加上媒體挖出他們以前的照片，一比之下是有差異，便更加肯定他們絕對是「整」出來的。

翻開韓國雜誌，整告一大堆

S.E.S美得人工了一點。

　　被強烈質疑整過容的韓國藝人名單，包括了金南珠(雙眼皮、鼻子、臉形)、金玟(鼻子和下巴)、蔡琳(鼻子和臉形)、金喜善(過於完美就是有問題)、崔眞實(爲什麼不老？)、S.E.S(Sea和Bada的下巴和雙眼皮)，而疑似有整形的還有宋允兒(顴骨)、崔智友(鼻子)和朴志胤(雙眼皮)等等，甚至某周刊還揭露大帥哥元彬的雙眼皮原來也是割的，因爲他小時候照片是單眼皮……究竟這些人有沒有動過手腳呢？終於──有人來台大方承認了，結果還博得滿堂彩及媒體的高度肯定，被認爲是誠實和敬業的表現，她就是蔡琳。

元彬深邃的雙眼皮會是假的嗎？

蔡琳來台公開承認做過隆鼻。

　　擁有甜死人不償命笑容的蔡琳，二〇〇二年五月終於來台會影迷，人氣旺旺有問必答的她，對於眾所關心的「是否整過容」這個麻辣問題，不但態度出人意料地大方，回答內容也相當清楚明白：「我以前一直對自己的鼻子太塌很不滿意，覺得很自卑，但整形之後，我全身上下就沒有任何不

金南珠大方表示自己是人工美女。

滿意的地方了。」看著自信甜美又誠實的蔡琳，想必媒體和FANS都更加喜歡她了。我想蔡琳「變漂亮」的原因不只隆鼻，整個人也瘦了一大圈(本人真的非常窈窕纖細)，比以前的可愛多了女人味，十分正點，看來蔡琳為了愛美，的確也付出不少努力及用心，而這不正是存在演藝圈應有的態度嗎？

另外一位在韓國公開承認自己整過容的大美女是金南珠，而且她整形前後判若兩人的「大修」程度，教人驚訝得簡直要從椅子上彈起來，原本的大餅臉、塌鼻子、小眼睛，「動工」之後全部立體成型，真是太、太、太佩服那醫生的鬼斧神工了，不過金南珠自己也很努力，超級標準的「衣架子」魔鬼身

金玟承認因鼻子有問題曾經動過刀。

材可是真材實料，相信大家在「模特兒的故事」中都看得一清二楚。

至於韓國公認的第一大美女金喜善，學生時期就是大美人，不過金喜善在韓

金喜善在韓國承認將鼻子修窄。

26

國也曾很誠實的表示，鼻子有做過修窄手術；而
金玟對於整形的問題則是比較保留，只表示小時
候因為鼻子有毛病，所以動過刀，由於金玟很早
就移民美國，所以就算有整大概也不是在韓國做
的；此外，擁有35D噴血身材的「韓國最美變性
人」河莉秀，除了身上的女性器官擺明全是整出
來的之外，她也不諱言動過鼻子，讓自己的臉孔
看起來更秀麗。

河莉秀除了做
變性手術，也
有隆鼻。

　　但對於明星整形，我的觀察是，像金南珠這
樣的案例並不多見，通常是像蔡琳這種已經很漂
亮，但求「好還要更好」的人更會出入整形醫院，而且也比較
容易看出明顯的成效。因為一般手術不太可能會讓一個人從
「很醜」變「很美」，我訪問的醫生也表示，整形本身是「均衡
美學」，如果你聽到誰整形後很美，那表示她原本應該就已經很
不錯，尤其是藝人，譬如說像胡因夢、張玉嬿、伊能靜、徐貴
櫻沒割雙眼皮前就已經是美女，否則當初怎麼踏進演藝界？而
林青霞和梅艷芳的豐胸，劉嘉玲和王渝文的隆鼻，張曼玉、林
心如、蔡燦得、小S矯正牙齒，COCO李玟做下巴等等，都是希
望自己能更接近完美而已。

　　至於韓國一般人對待整形的態度如此勤奮積極，我覺得有
點接近台灣人「算命改名字」的心態，基本上兩者都是想「改
變現狀」，讓自己可以更受歡迎做起事來能更順，只不過韓國人
的做法太「務實」，竟然真的從自己身上「開刀」……但，或許
這才是真正的治本之道。

整形醫生眼中的韓國審美觀

　　得知我去韓國訪問整形醫生回來，不少人第一個反應就是問我：「那韓國整形便宜嗎？」我想台灣人對整形必須先有一個正確的觀念，這種事非同小可，價錢不該是第一考量，台灣也有比較便宜的小整形醫院，醫生什麼來歷都不知道，把病患的雙眼皮縫得像鐵道、臉皮拉得像僵屍、眉毛紋得像鍾馗，這種地方說便宜也沒人敢去吧，貪小便宜換來一輩子的遺憾或見不得人，真是惡夢一場！

Pitanguy整形醫院豪華舒適的大廳，有令人放鬆情緒的功能。

　　台灣和韓國的整形價格相比起來，其實是差不多的，甚至韓國的名醫(藝人會找的)收費會再高一點，不過如果技術真的是好，我想有心要整形的人是願意付出代價的，畢竟整形的最高境界應該是「讓人看不出真假」，而這就需要醫生的巧手、經驗以及美感概念。

　　在韓國媒體的引薦下，我親自來到位在江南區地鐵「新砂站」旁的知名整形外科，訪問一位在韓國知名度頗高的整形醫生柳濟聖。而打從踏進

柳濟聖醫生在韓國整形界知
名度頗高。

醫院大門，看到五星級般舒適、豪華、潔淨的客廳，我便感受到院方的用心，因為這裡並不像傳統的醫院候診室，給人簡單卻嚴肅陰森的感覺，而是像居家一樣，讓人能夠放鬆情緒，減輕詢問整形問題及動手術會有的緊張不安。

柳濟聖醫師在整形外科工作上已有十六年經驗，由於技術高超口碑好，雖然收費不低，仍是不少藝人及愛美人士指定操刀的最佳醫師人選。從小移民巴西的他，是在巴西完成醫科學位，不過在巴西執業三年後，喜歡東方社會的他還是決定回祖國服務。問他學醫當初是唸一般外科的，為何會改走整形之途，柳濟聖很有自信的說，因為他自覺有極佳的審美觀，連週遭的朋友同學都認為他走整形的路會更好。柳濟聖表示，巴西是全球整形第一名的國家，他很幸運自己能在那裡見識到比較多的整形項目及要求，而他也期望自己能掌握東西方各自的美感，運用在不同需要的人身上。

柳濟聖醫師的文憑與證書掛滿整面牆。

韓國女明星開過
雙眼皮的比例相
當高。

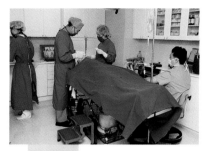
整形手術進行現場。

Q：韓國女生是不是真的很多在高中畢業就來整形？而且父母也很支持？

A：其實整形不是韓國的趨勢，而是全球的趨勢，當人接受到美的資訊愈多，而且個體愈獨立的時候，整形就不是什麼大不了的事。或許西方國家來看韓國的整形還算保守，但東方人看韓國的整形會覺得怎麼那麼盛行，尤其是受儒家傳統思想教育的中國人(是啊！一句「身體髮膚受之父母不敢毀傷」讓多少人打消整形念頭)，因為像日本也是愈來愈平常看待整形這件事，事實上，日本人的確比韓國人需要整形得多，其中最大的原因是她們牙齒的問題。

另外，還有一點很重要的是，不整形並不代表不需要整形，而是每個人對外貌在乎的程度，像中國人比較重視吃的藝術，但韓國人的確比較重視外表，韓國女生整形的年齡確實有愈來愈年輕的趨勢，高中畢業就來整形的也比以前多，不過整體說來應該是就業前更在乎外型，而藝人則是再微修她螢幕上不滿意的部分。至於小小年紀整形通常是有比較明顯的缺陷，像兔唇或眼皮下垂。

(不過據我了解，像藍色生死戀裡的「小恩熙」文根英，來台受訪時就表示，她最想做的事就是趕快長大去整形，可見小女孩小小年紀就有藉整形變漂亮的概念，而且態度非常大方自然，一點都不忌諱說出來，在她們眼中整形根本不是秘密。通常高中畢業是第一波整形潮，大學畢業是第二波)

Q：韓國女生最常整的部位是哪裡？前三名大概是哪些項目？

A：一般說來，開雙眼皮是我最常做的手術，這個手術非常簡單，早上開刀下午戴上墨鏡就可以繼續工作了，不過它只適合某一種眼皮脂肪少的單眼皮，或是介於單、雙之間的不明確雙眼皮，這種做法只要用縫的，不必用割的，所以手術本身很快，修養時間也很短，最重要的是成效自然，不要故意做太大的雙眼皮。其實只要把雙眼皮固定，整個眼睛就變大了，看起來就有神，而一般韓國人的眼睛多是這種比較細長、脂肪少或介於單雙之間的，所以用這種做法非常合適，如果眼皮脂肪多或需要特別深邃的雙眼皮，才需要動刀用割的，不過只要跟醫生討論好，聽醫生的專業建議，做出來也是很自然的，只是修養時間會長一點。

(這個手術如此輕而易舉，我想明星中今昔相比眼睛大小有差異的，應該都有動過吧，甚至動得太自然，大家根本看不出來，從來沒懷疑過她也是有可能。)

雙眼皮手術費用：
韓幣一百七十萬至一百八十萬，約台幣46000至48000元

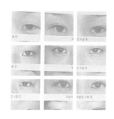

再來應該是鼻子，其實鼻子也是西方人比較常做的整形項目，只是他們多半是太大要弄小，而我們是小要變大。不過以前想來整鼻子的情況比較單純，通常都是覺得不夠挺所以要墊高，但是現在有些人的鼻子雖然高可是嫌型不夠好看、不夠秀氣，鼻肉太多想要削去一些或是想修窄，讓自己顯得更靈巧、更有女人味，另外鼻尖也是修改重點，通常都會希望能像西方人那樣尖一點。

隆鼻手術費用：
韓幣一百七十萬至四百萬，約台幣52000至130000元

另外抽脂這個項目也是越來越多人做，抽脂是針對局部肥胖最能快速有效解決的辦法，所以女人最在意也最難減的小腹問題，會比較希望能用抽脂的方法解決，另外大腿是因為越運動就越結實，要瘦下來也不容易，所以也比較需要抽脂來幫忙，腹部和大腿是抽脂中最常做的部位。

腹部抽脂手術費用：
韓幣六百萬至七百萬，約台幣162000至189000元
大腿抽脂手術費用：
韓幣三百五十萬，約台幣95000元

宋慧喬的走紅，
證明韓國以往喜
歡冷艷的審美觀
已有些改變。

Q：能不能談一下韓國現在的審美觀？大概是
喜歡什麼樣的臉孔？什麼樣的身材？一般
人整形會拿哪個明星當範本，希望自己整
成像她那樣？

A：以前比較多人會拿明星的照片來當範本，像十年前大家會希望
能擁有黃申慧(譯音，上一代的偶像明星，我們不太認識，有點
像金玟那型)的臉孔，一味追求西方的模樣，但是現在比較多
元，像宋慧喬這種東方型(帶點東洋味道)，也是現代流行的一種
美的典型，宋慧喬如果十年前出來，大概不會紅，可見審美觀
是隨時代潮流一直在改變。

雖然整形前也有人會拿金喜善、李英愛、金南珠的照片來討
論，不過現在的年輕人多半很有自己的想法，並不希望自己像
某個人，拿明星的照片只是想討論得更具體而已。而且愈來愈
多人對整形比較有概念，知道A不能整成B，A只能整成A＋或A
－，最多只能說接近B而已，像如果薄唇想要變得性感有肉，我
們可以豐唇讓它增厚，但如果她想變得像安潔麗娜裘莉那種性
感豐唇就不可能了，因為原始形狀差太多了，而且還要顧到她
整個臉的比例，改變前後的差距。

不過整形還有一件奇妙的事，就是會「牽一髮動全身」，我是指
在視覺效果上，如果一個人的眼睛本來很小，看起來一點都不
起眼，但是動手術把眼睛弄大之後，整個人看起來就煥然一
新，別人看到她怎麼突然變得那麼漂亮，會以為她動了好幾個

豐臀前。　　豐臀後。

地方，其實只有眼睛而已。鼻子也是一樣，像蔡琳有了高挺的鼻子之後，整個臉就很立體，別人以爲她又作臉頰又作下巴的，其實只是改變了一個地方而已。

至於身材方面，一般說來韓國女人的上圍都不夠豐滿，尤其瘦瘦的女生三圍都很平，這是很一般的狀況，不過以前大家比較沒那麼在乎，現在或許受到世界潮流的影響，女人對自己的要求越來越多，除了希望苗條之外，也嚮往西方女性那種前凸後翹的火辣身材，所以抽脂跟豐胸的人都比以前明顯的多了些。甚至我蠻意外的是要求豐臀的也有一些，這在巴西或許多西方國家是常整的項目，不過以往亞洲國家的確比較少，或許珍妮佛洛佩茲的豐臀美學帶給全球不小的震撼，很多人認爲女人如果沒有臀部就不夠性感。

（是啊！再加上那三十好幾的凱莉米洛姊姊不斷強調美臀，我看臀部整形是會被炒紅，唉！女人好辛苦啊！）

珍妮佛洛佩茲的豐臀打敗天下無敵手。

凱莉米洛強調擁有蜜桃般的翹臀。

豐臀手術費用：
韓幣五百萬，約台幣13500元
豐胸手術費用：
韓幣六百萬，約台幣16200元

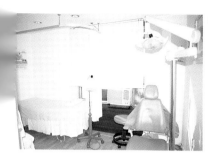

手術室。

皮膚治療用藥。

Q：韓國男生整形也越來越多嗎？

A：是的，雖然男生不會有比美的想法，但是也在乎職場和感情順利，男生整了之後，會變得主動、積極、有自信，這些都是很正面的效果，而男生常做的整形項目也是雙眼皮和隆鼻，尤其韓國男生對鼻子是否高挺格外在意。

（根據了解，韓國大的公司行號在應徵面試時，有時還會請算命先生在一旁觀測應試者的面相，對於面有凶相、貧相、衰相、剋公司之相者，當然不會錄用，因此有的男人整形也是為了讓自己看起來端正、溫和、有朝氣，尤其相中鼻子大是聚財，鼻孔大是漏財，有一個「正確」的鼻子當然重要）

Q：你個人覺得做得最成功的案例是什麼情況？

A：曾經有一個大學三年級的女生，很胖，大概八十幾公斤，心情總是很低潮，有自殺傾向，她的媽媽是老師，非常擔心她女兒的情況，也帶她去看很多次心理醫生，不過都沒有什麼改善。有一次，這個女生自己過來醫院，跟我商量要抽脂，我們討論過後就做了這個手術，之後我也沒有太在意。

略方臉型修改前。

略方臉型修改後。

35

可是幾個月後，一個漂亮的女生來找我，說謝謝我幫她做抽脂，我想了一下，才認出她就是那個胖胖的大三女生，整個人都變了，她說抽脂減肥是她一直想要完成的心願，可是家裡比較保守，不會想到要從這個方面來治療，她抽脂過後非常快樂，也很在乎自己的身材，每天都去健身運動，所以瘦身的成效才這麼好。

而過沒多久，這個女生的媽媽也打電話來謝謝我，說她女兒好像變了一個人，整個人變得隨和好溝通，不像以前都不跟她說話，現在還會主動幫忙作家事。其實我覺得整形最大的功用就是增加人的自信心，如果一個人對自己外型不滿意導致內向、自卑，就應該藉由整形來改善這一切。

Q：是否有越來越多的外國人來整形？語言問題如何克服？休息問題如何解決？

A：這裡日本人來得很多，中國人也有，甚至在韓國這邊的歐洲大使館人員也有來過，不過印象裡外國人不會自己一個人來整形，都是團體過來，所以一定會有人翻譯，而且把住的問題解決好。我也建議外國人如果要來要有朋友作陪，畢竟這是醫療行為，手術後還是要有人照顧一下、關心一下比較好。

Q：聽說韓國整形有「套餐價」？三人同行可打折？一人做好幾個地方也可打折？

A：整形的價格因為還要參考所整的難易度，所以在定價之外，的確還有一些價格的彈性空間。

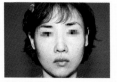  

(正)。　　　　變臉後(正)。　　　　　變臉前(側)。　　　　變臉後(側)。

但是「一個人做好幾個地方」要看是一次做還是分開做，基本上一次做的話是很危險的事，我非常不贊成，因為每個人的身體狀況不同，如果麻醉時間太久，也許有人會受不了。當然一次做兩項，可以減少麻醉費用，價格當然會少些，但是這必須是醫生認為安全的狀況下才可以做。

(醫生說的危險情況是應該考量，不過對於「整形折扣價」這件事，韓國網站上都查得到，有的整形醫院是開放十個隆鼻名額，前十名登記的人都打八折，還有聽到最誇張的是——割雙眼皮加隆鼻送酒窩，天啊！是整上癮欲罷不能嗎？)

柳濟聖醫師的診所裡還有一個「變臉」相當成功的案例：一個女孩子原本輪廓很剛硬，臉很方，從她原本的小男生髮型可以發現，她已經放棄打扮，後來經過醫師做了削顴骨、削頰骨以及隆鼻之後，整個人臉型改變，變得漂亮許多也開始會打扮自己。

削顴骨或削頰骨手術費用：
韓幣六百萬，約台幣182000元
變臉手術費用：
至少要韓幣一千三百萬，約台幣400000元

柳濟聖醫師
學歷：巴西國立醫大/漢城大學整形外科/漢城大學一般外科
診所名稱：Pitanguy Aesthetic Clinic
地址：漢城江南區論峴洞2-15(地鐵3號線新砂站1號出口旁)
電話：(02)549-7220
傳真：(02)549-2060
網址：www.pitanguy.com

位在狎鷗亭路和島山大道交界處的名牌店，都是氣派的獨棟建築。

整形醫院林立的江南狎鷗亭

聽到江南區的「狎鷗亭」，對韓國瞎拼有概念的人一定會反應：「那不是名牌街嗎？」是的，在狎鷗亭知名的島山大路兩旁，全是歐式或獨棟建築的世界名牌店，包括左排的 Salvatore Ferragamo、DOLCE & GABBANA、PRADA和右排的CK、LV、ARMANI、GUCCI等等，而且這裡還有一個大型百貨公司Galleria，其中的精品館名牌也是貨色齊全，在這裡等個紅綠燈過馬路，可以看盡前後左右小姐們的身上各式名牌行頭，絕不誇張，害我眼珠子忙得很。

說韓國女生愛買名牌，原來都集中在這裡，其他shopping的地方就沒有這麼明顯，所以這一區可以說是韓國的高消費區，也可以說是韓國的美女集中區，再換句話說就是「有錢人住的地方」，而同屬高消費行為的整形醫院，當然也多開在這裡，像是「火花」中整形醫生康旭和美容皮膚科的太太敏晶，合開的診所就是在狎鷗亭。

在這提供幾家整形醫院的介紹及專長服務項目給大家做參考：

李東落整形外科醫院

性質：乳房整形專門醫院
院長：李東落
學歷：漢城大學醫科畢業、漢城大學研究所醫學碩士、醫學博士讀完漢城大學
　　　醫院整容外科專業醫師
經歷：現任李東落整容醫院院長曾任漢林大學醫科教授、江東誠心醫院整容科
　　　科長
網址：www.breastdoctor.co.kr

乳房擴大手術過程

　　　　首先切開腋下或乳房下面，然後插入材料。插在腋下雖然動
手術的過程有點困難，但是不留下難看的傷痕。把材料插入在乳
房肌肉前面或後面，插在肌肉後面不把乳腺遮起來，以後檢查乳
癌時不但可以容易地找到疾病，而且對乳房貧乏的女性有很大的
幫助。因為施全身麻醉 手術以後可能有點痛，不過過了一兩天就
不痛了。

手術費用

　　　　包括手術費、麻醉費用、材料費、藥費在內的一切費用是韓
幣四百萬元到五百五十萬元左右(約台幣108000至148000元)

現代百貨商店 ●

東湖大橋

● 地鐵三號線 鴨鷗亭站2號出口
★ 李東落整容外科醫院

● 新沙電話局

現代高爾夫球 ●
練習場

李東落整容醫院
地址：漢城市江南區新沙洞
　　　610-1
電話：82-2-514-0277
傳真：82-2-514-0345

佳人整形外科

性質：鼻子整形、脂肪整形專門醫院
院長：崔海川
學歷：漢城大學醫科學院畢業
經歷：現任佳人整型外科院長、曾任醫療法人聖愛醫院整形外科科長、漢城中
　　　央醫院外聘教授、高麗大學醫科學院外聘教授
網址：www.gainps.com

適合本人臉型的鼻子整型

　　隆鼻是僅次於割雙眼皮做得最多的手術。填充材料多用硅，此外還有軟骨、Goretex、Alloderm、真皮等物。最近為了無副作用及自然的效果，而綜合利用上述材料。一般從鼻孔裡面切開，手術後四到七天拆線，再過一個星期左右，浮腫便幾乎退盡，生活上也沒有不適感了。矯正鼻尖部位時，鼻孔和鼻樑連著切開，幾乎不留疤痕。費用大約韓幣一百五十萬至二百五十萬(約台幣40000至67000元)。

隆鼻手術前　　　　　隆鼻手術後　　　　　　　側面

脂肪吸出術

脂肪吸出術的原理是以儘可能減少血管和神經的損傷為前提，用真空壓力從脂肪集中的部位抽出皮下脂肪，以達到矯正身形的功能，部位一般選取下腹、臀部、大腿、脖子、臉部等。

手術方法是在皮膚部位切開約五釐米左右的小口，插入鋼製細管，用真空壓力抽出脂肪組織：一般在小腿部位抽出200-300cc，大腿部位抽出500至1000cc，下腹和腰部抽出1000至1500cc等脂肪。手術後兩天內最好臥床靜養，之後才可以正常活動。

費用依部位不同相差較大，從韓幣三百萬至八百萬(約台幣81000至21600元)各有不同。

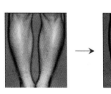

脂肪注入術

脂肪注入術是用脂肪吸出術所抽出身體的多餘脂肪，經過加工後，再注入偏瘦臉頰或別的部位，也可以用在過去因感染或事故導致身體某一部份塌陷的部位。

脂肪注入術以前就有，但因注入的脂肪會被人體吸收，效果不能持久，必須重複輸入多次，因此也採用硅等物質填充或用Collagen注射，但畢竟不是自身的體內組織，會有不適感、不被吸收等缺點。

脂肪成型術具有能在任何部位使用以及效果自然等優點。

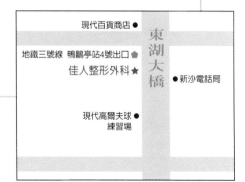

佳人整形外科
地址：漢城市江南區紳士洞581-
　　　15韓勝大廈4樓
電話：82-2-518-1800

張宇英整形外科

性質：眼睛整形專門醫院
院長：張宇英
學歷：漢城大學醫科學院畢業、百醫院整形外科專業結業
經歷：現任張宇英整形外科醫院院長

手術方法	內容	優、缺點	費用
切開法	眼皮過度下垂或脂肪過厚時採用。按雙眼皮線的走向，切開皮膚和肌肉，抽出脂肪。	恢復較慢，浮腫時間較長。	韓幣一百二十萬至一百五十萬（約台幣32000至40000元）
縫合法	適用於脂肪少的眼型，不切開皮膚，直接粘連皮膚組織做成雙眼皮。	恢復快，較自然，但比切開法有回復成單眼皮的機率高、較難製成精密的雙眼皮。	韓幣一百萬（約台幣27000元）
雷射手術法	用雷射切開皮膚和肌肉。	因手術中幾乎沒有出血，可以精確施術，浮腫較輕微，但比縫合法退腫時間長。	韓幣一百二十萬至一百五十萬（約台幣32000至40000元）

手術實例

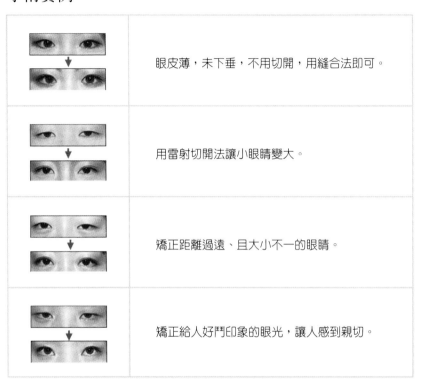

	眼皮薄，末下垂，不用切開，用縫合法即可。
	用雷射切開法讓小眼睛變大。
	矯正距離過遠、且大小不一的眼睛。
	矯正給人好鬥印象的眼光，讓人感到親切。

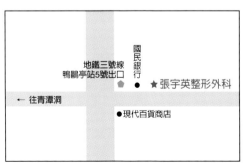

地鐵三號線
鴨鷗亭站5號出口

國民銀行

★張宇英整形外科

← 往青潭洞

●現代百貨商店

張宇英整形外科
地址：漢城市江南區紳士洞
　　　580-1
電話：82-2-511-5001

金仁燮整形外科

性質：臉部輪廓整形專門外科
院長：金仁燮
學歷：漢城大學醫科學院畢業
經歷：現任金仁燮整容外科院長，曾任漢城中央醫院整容外科專業醫師

矯正臉部輪廓手術的方法

臉型	手術方式
方形臉	方型臉縮小手術是為了避免給人強悍的感覺，讓臉部變小成鵝蛋型的手術。 手術切開口腔內部，切除一部份下頰骨和臉頰脂肪。
下巴突出	僅是下巴突出時，只削去突出部份；連下牙也一起突出的情況，就要切開耳下部份，往後推開，跟上牙對齊。
顴骨突出	如果顴骨高聳，會給人一種強悍、難以接觸的感覺，並顯得比實際年齡老。顴骨只往前方突出時，切開口腔內部；橫向突出時，切開鬢角部位。
無下巴	通過口腔黏膜把下巴往前方拉出，情況嚴重時，施行骨移植補充缺骨部位。

手術實例

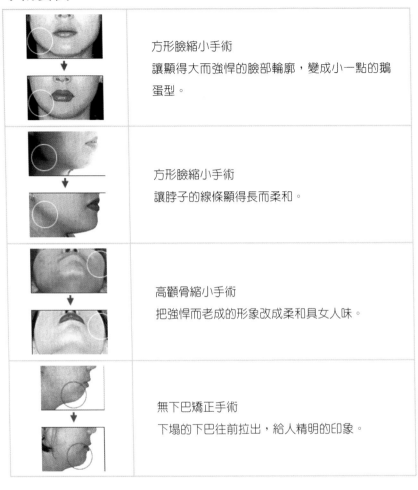

方形臉縮小手術
讓顯得大而強悍的臉部輪廓，變成小一點的鵝蛋型。

方形臉縮小手術
讓脖子的線條顯得長而柔和。

高顴骨縮小手術
把強悍而老成的形象改成柔和具女人味。

無下巴矯正手術
下塌的下巴往前拉出，給人精明的印象。

金仁變整形外科
地址：漢城市江南區論賢洞91-7
(電影棚旁KFC3樓)
電話：82-2-515-3788/3877

整一整更有型

S&U CLINIC毛髮管理中心

性質：皮膚科、整形外科、皮膚管理、頭髮管理
說明：由漢城大學出身的五位皮膚科、整形外科專家，為美容、整容進行全方
位的診療和手術。
網址：www.snuclinic.co.kr

肉毒桿菌注射療法

肉毒桿菌是什麼？

　　臉部皺紋是因「面部表情肌」持續或過度的收縮而產生的，對這種
肌肉注射肉毒桿菌，能除去誘發肌肉收縮的神經，達到去除皺紋的目
的。

手術過程　　手術過程無麻醉，洗淨皮膚後用微細注射針，在皺紋周圍肌
肉瞬間注入就全部完成，大約只需要十分鐘時間。這個方法因不
用手術也能簡單的除去皺紋，所以在歐美等地正受到旋風般的歡
迎。

手術費用　　每個部位四十萬韓元(約台幣10800元)，多個部位一起進行時
可以優惠。

隆鼻手術前　　隆鼻手術後　　S&U CLINIC毛髮
　　　　　　　　　　　　　　管理中心

隆鼻手術

雖然大部份採用硅polymor，
但是在鼻尖部位用硅隆鼻，容
易產生副作用，所以鼻尖部位
最好利用耳朵軟骨。費用大約
是韓幣一百五十萬(約台幣
40000元)。

術實例

有效的單眼皮手術

雙眼皮手術時，應先讓眼皮薄下來，再做大小適合的雙眼皮。眼皮薄的人，可直接用縫合法手術；眼皮厚的人，需用除去脂肪的複合縫合法。費用是韓幣一百至一百二十萬(約台幣27000至32000元)。

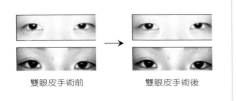

雙眼皮手術前　　　　雙眼皮手術後

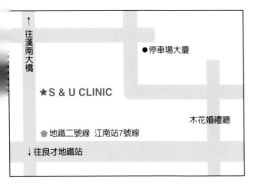

S&U CLINIC毛髮管理中心
地址：漢城市江南區役三洞820-9玻璃大廈5樓
　　　(江南站7號出口1樓)
電話：82-2-567-5050
傳真：82-2-2203-5805

趙美京院長

主治：青春痘、剝皮、化妝品、skin、身材管理
學歷：漢城大學醫科學院畢業、日本KANAZAWA研修
經歷：曾任漢城大學醫院皮膚科專業醫師、國立警察醫院皮膚科科長

金方淳院長

主治：激光、面部紅潮症、靜脈瘤及血管疾病
學歷：漢城大學醫科學院畢業
經歷：漢城大學醫院皮膚科專業醫師、仁濟大學常系、百醫院皮膚科科長、美國USCF互派教授

張承浩院長

主治：化妝品、毛髮移植、色素性疾病
學歷：漢城大學醫科學院畢業
經歷：漢城大學醫院皮膚科專業醫師、忠北大學醫科學院副教授、美國Emory大學互派教授

尹根哲院長

主治：面部骨骼手術、皺紋整容手術
學歷：漢城大學醫科學院畢業
經歷：漢城大學醫院整容外科專業醫師、漢城中央醫院整容外科科長、東京醫大微細手術研修、美國賓夕法尼亞大學互派教授

金俊成院長

主治：抽脂、乳房整形手術
學歷：漢城大學醫科學院畢業
經歷：漢城中央醫院整容外科專業醫師、博愛醫院整容外科科長

整一整更有型

高麗美眉超會「粧」

韓國女生重視化妝是出了名的，女學生連期末考都還早起為化妝呢！

因此一位來台灣學過中文的阿里郎說：「剛來台灣的時候，我覺得台灣怎麼都沒有美女，因為台灣女生都不太化妝，可是看久了，發現美女也不少，只是型和韓國不一樣，後來回韓國還覺得女生妝化太濃了不好看，不過習慣後又覺得很漂亮了。」好笑的是這位仁兄還要補一句：「不過不管是台灣還是韓國，美女幾乎都不會在白天出現，她們好像是不到中午不起床的。」

另外一位在台灣工作的韓國男生則是表示：「我覺得以臉來說，韓國女生比較漂亮，但是身材好像是台灣女生比較好，纖細一點且凹凸有致。」

而他的「身材觀點」也獲得一位在韓國工作的寶島男性認同，他說：「高麗妹都是『太平公主』啦！大部分都只有A罩杯，不過她們的皮膚真的很好，白裡透紅，符合中國人『一白遮三醜』的審美觀，這個優點應該也為她們的美貌加了不少分吧。」

高麗妹個個都是化妝師

韓國女人對化妝在意的程度，其實從她們中年婦女的身上更可明顯感受到，因為年輕女生愛漂亮愛打扮是非常可以理解的，但韓國連家庭主婦、打掃的阿姨、賣衣服賣小吃的歐巴桑，也都有化妝、刻意裝飾頭髮（在台灣，這個年紀的家庭主婦會

韓國路上的漂亮美眉。

韓國女生認為，不化妝是不能出門的。

化妝，通常是要喝喜酒吧！）。而且不知爲什麼，我常覺得一些四十幾歲頗具姿色的婦女常擺出「徐娘半老、風韻猶存」的媚態，會朝年輕小夥子拋媚眼，當我疑惑地對身旁男士說：「你們認識啊？還是你對她做了什麼表情？」只見他們都一臉無辜的說：「我不知道啊，我也受寵若驚。」怪怪，這是什麼文化現象，請男士們可以多注意一下這類情形，我想再確定一下韓國的「大姊」們是不是眞的蠻喜歡放電的？

　　而我們說韓國女生喜歡化濃妝其實也有分，通常穿著套裝的上班族的確化得蠻濃，有點像我們的空姐或化妝品專櫃小姐才會化的那種濃度，看上去也很冷艷，不過年紀小一點做Hip-hop打扮或可愛打扮的女生，則不會化太濃，只是一定也有化，因爲基本上不化妝是不能出門的(大約從十六歲之後)，韓國社會會認爲這樣的女生很沒有禮貌。我想這就跟美國女生一定要刮腋毛和腿毛一樣，已經有「愛美」之外的意義，是一種少女時就養成的基本禮儀了(看茉莉亞蘿蔔絲沒刮腋毛被媒體修理得多慘就知道了)，所以……現在大家可以理解就算整天閒閒在家沒事幹的家庭主婦，也會一早起來就把妝化好的原因了吧，並不是擔心變成「黃臉婆」，而是遵守禮節；況且從小就化妝，早就習慣成自然，一點都不麻煩呢！

Hawaiian Red

不過台灣女生不太喜歡化妝也是有原因的，除了普遍認同「自然就是美」之外，溼熱的氣候讓妝不易停留也是很重要的因素，所以很多女生想：與其冒著隨時會「花掉」的可能，乾脆就別畫了，而且努力畫完還要更努力卸，否則一熱就出汗的臉再混合著這些化學物質，還容易長痘痘……。不過韓國的氣溫因為普遍偏低，雖然也有夏季但溼度沒那麼高，所以化妝不必太擔心掉妝的問題，只要多注意保溼就可以了。(而且韓國一般不騎機車，但台灣女生很多是機車族)

至於我們印象中韓國女生的用色都比較傾向冷色系，這也是事實(跟日本、台灣比較起來)，像李英愛在「醫家兄弟」中常擦

Hawaiian Juice

Hawaiian Flower

的暗紅色口紅，金喜善在「求婚」中常擦的深咖啡色口紅，普
遍都蠻受歡迎的，因為韓式的妝就是希望能盡量讓五官明顯、
輪廓突出，因此加重唇色是很基本的做法。不過由於韓國是四
季分明的國家，一碰上夏天的到來，整個化妝色系也會跟著改
變，通常在春、夏季節，韓國也會流行明亮或粉嫩的色系，像
我是在五月中去韓國訪問的，而這正是每一家化妝品牌都在開
始強打夏季系列的時候，實在不難發現韓國今夏彩妝的一大特
色――藍得發亮的眼影(嗯，的確感覺很清涼)，不過從這小小的
眼影上，我們就可以發現韓國女生化妝有多仔細、考究。像由
美麗的「人工美女」金南珠代言的DeBON中，這一盒深淺不同
的藍色眼影至少可做五種層次變化，包括上下眼皮使用不同的
藍，名稱分別為：Hawaiian Red、Hawaiian Juice、Hawaiian
Flower、Hawaiian Candy和Hawaiian Nude(請參考圖片中的眼睛
上色分解)，哇！真是令人大開「眼」界！

Hawaiian Candy

Hawaiian Nude

高麗美眉超會「粧」

51

韓國染髮盛行程度跟日本有拼。

此外，說韓國女生「愛白」這是當然的囉！因為韓妝重視線條勾勒又講究精緻度，如果臉不夠白嫩，就無法突顯它的秀麗典雅了，因此就算身體願意曬黑，臉也不能曬黑。尤其三十歲以後的女人更是在乎，因此美白保養的功夫絕對馬虎不得，這點跟台灣「一白遮三醜」的審美觀比較接近，而跟近年流行「109辣妹」小麥黑妝的日本就大相逕庭了。

H.O.T髮型超炫，其中文熙俊最愛換髮色(圖中紅髮者)。

不過再說到染髮這點，日韓就比較同步、行之有年，而台灣是在這兩三年才比較接受，所以走在韓國街頭，看到大部分的年輕人都有染髮，而且染得很黃也見怪不怪，除非是故意要留一頭黑長直髮，否則染成咖啡色、褐色、金色者比比

冬季戀歌的「裴勇俊頭」已造成模仿風潮。

皆是。雖然韓國對西化作風保守，不過從頭髮上倒是看不出來。而韓國除了女生在乎頂上功夫之外，男生也蠻注重髮型的，這點可從不少男歌手身上嗅到，像是偶像團體H.O.T裡的成員，個個髮型都很炫，不過冬季戀歌過後，「裴勇俊式」的層次金髮已成為男士們的最新流行。

韓國化妝品給你好臉色

對台灣而言，我們最熟悉的韓國化妝品品牌應該就是ETUDE，因為它有一個鼎鼎大名的代言人——宋慧喬，台灣不少百貨公司裡也都有這個專櫃。或許是受到慧喬妹妹親和力的影響，ETUDE這個牌子特別受到年輕女孩歡迎，在韓國也是一樣的，從大百貨公司到一般美容用品店，總是可以看到宋慧喬甜美的笑臉。當然喜歡慧喬的人也是有福了，因為ETUDE的廣告把宋慧喬拍得是特別漂亮，而且造型變化萬千，不但有花精靈、美人魚、塔羅牌仙子等多種卡通式造型，還會配合季節變換及主打產品，呈現鄰家女孩、艷麗女人及都會女性等不同風情，美麗的目錄很有收藏價值喔！

ETUDE因宋慧喬代言，順利打入台灣市場。

根據了解，ETUDE這個牌子在韓國已經有五十七年歷史了，是韓國人氣優質老牌。店員表示，產品中的兩大熱賣分別是腮紅和睫毛膏，因此她們也特別推薦這兩樣使用

宋慧喬的清新、艷麗、都會三種不同的造型。

高麗美眉超會「粧」

YEOUL LIN COSMETIC。

雙子星造型睫毛膏。

效果特別好的「花顏映彩腮紅」和「雙子星造型睫毛膏」──花顏映彩腮紅因為內含珍珠粉末及絲緞粉末,因此在雙頰上顯得格外粉嫩且有立體感;而雙子星造型睫毛膏的一黑一白,則是分別有不同功能,一支可提高睫毛濃密度,一支可增加睫毛長度,並且具有防水功效。而我個人是十分中意它的「鑽石唇彩」,擦上去光澤閃耀、油亮欲滴,比價結果,這個牌子在韓國選購的話是格外划算。

韓國不管在哪個逛街的地方,綜合性美容用品店都很多(像台灣的SaSa莎莎、MASA瑪莎之類的),而且都可以試用,以配合愛漂亮高麗妹們的所需所求,像明洞就有mini mall、W M、TODACOSA、YEOUL LIN COSMETIC等店,都可以以較便宜的價格購買化妝品,很受女孩子歡迎。

而位在明洞中央街上的the Amore free zone,可就更是愛美人士的天堂了,這個由韓國最大化妝品品牌Amore Pacific太平洋愛茉莉所設置的美妝保養品店,不但所有產品全部開放使

位於明洞的the Amore free zone。

地鐵一號線 明洞
地鐵四號線 明洞站

新世界百貨公司

U TOO Zone

Landrover(鞋屋)　★ The Amore 自由空間

明洞聖堂

地鐵二號線 乙支路入口
地鐵二號線 乙支路入口站

用，而且「只用不賣」，夠酷吧！所以試用者化得再久也不用擔心購買壓力，如果你喜歡某一種產品，請記住它的型號再去其他地方買，這裡是讓你用到爽的地方(所以只要天天來，就不用買化妝品了，哈！開玩笑)。

一年365天不休息，每天從早上十

一點半到下午八點，the Amore free zone是最好的美容情報站，一、二樓可以自由試用各種化妝品或最新產品，三、四樓則有專人為你做皮膚測試、護膚服務及彩妝教學(有的部分需付費或電話預約)，店內還有網路可上，只要你有任何基礎、彩妝、頭髮、沐浴方面的美容問題，都可以在這裡獲得解答。

今夏主打的唇色和眼影。

當然，店裡訓練有素的服務人員，也都是我們可以好好請教的對象，解說員金小姐和崔小姐都一致表示，韓國女生非常重視皮膚管理，保養工作是天天都要做的，因為皮膚光亮有彈

高麗美眉超會「粧」

the Amore free zone裡總是湧進大批試用人潮。

55

LANEIGE
蘭芝護膚
產品。

高麗妹除了化妝不怕麻煩，保養工作也做得徹底。

親切美麗的Amore解說員金小姐(右)和崔小姐(左)。

性之後，再上什麼顏色都好畫，因此店內為乾性、混合性肌膚分別有效解決皮膚問題的LANEIGE蘭芝護膚系列產品，特別受到韓國女性的青睞。而太平洋化妝品也強調「化妝後，感覺不自然的美麗，稱不上真正的美麗」，所以他們一再強調「試用」的重要性，我們會覺得高麗妹的底妝特別細緻，其實也跟她們所下得功夫有關，大家都是花了不少時間、經驗，去尋找最適合自己顏色和乾溼度的粉底，如果只是看了差不多就用，很容易造成臉過白、臉和脖子不對色的扣分效果。

除了粉底之外，韓國女生對眉毛也是非常重視，問金小姐和崔小姐：「什麼樣的眉型是韓國女生最喜歡的呢？」答案是：「像海鷗的翅膀。」哇！真是好美的答案，她們表示，雖然每個人天生的眉型或喜歡的眉型略有不同，但是基本上眉頭、眉峰和眉尾的弧度還是要抓出來，雜毛太多的要修掉、太淡的要照著標準形狀補上，才會好看，才會流露出像海鷗翅膀般的神采飛揚。所以大家不妨多參考Amore彩妝代言人李娜詠或模特兒們的眉毛，感受「像海鷗的翅膀」

最漂亮的眉毛是像海鷗的翅膀。

是如何起伏。

（在這我想插播一下，韓國有一首流行歌曲叫「妳的眉毛去哪裡？」，是說新婚丈夫半夜起來，發現枕邊人的眉毛怎麼跟白天完全不一樣，驚嚇之

這一季彩妝代言人——新生代女星李娜詠。

餘有感而發所唱，所以眉毛畫得太好也……，不過男生還是太過分了，應該要報以高度的讚美才對）

　　至於今夏流行的顏色，我們也從Amore每一位解說員的臉上發現了，那就是「豆沙紅口紅」配「休閒藍眼影」喔！

　　此外，強調以韓方藥材為皮膚保養品的「雪花秀」，則是深受三十五歲以上女性的歡迎。「抗老專用」的雪花秀表示，皮膚乾燥就是老化的開始。據韓國醫學調查發現，女性年齡超過三十五歲，缺「陰」現象嚴重，為了改善這種現象，採用慶熙

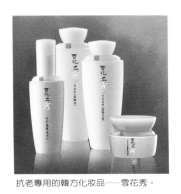

抗老專用的韓方化妝品——雪花秀。

大學韓醫科教授配方的「滋陰丹」（好像武俠小說裡的產物），這是精選玉竹、蓮子肉、芍藥、雌黃、百合五種韓方藥材配方而成的混合物，雪花秀中每種產品都使用了滋陰丹，以改善皮膚老化。

　　其中的「玉竹」含各種礦物質，具抗菌及皮膚柔軟效

人蔘洗面乳。

果；「蓮子肉」以多分、礦物及精油合成，具保溼、〔
力及促進血液循環效果；「芍藥」含單寧酸，具美白〕
抗炎效果；「雌黃」含多種糖類，具保溼效果；「百合
含蛋白質、維他命B及精油等，具抗炎、柔軟、收斂〕
果。而製成的保養品中以「滋
陰水」、「滋陰乳液」、「滋陰生霜」
和「潤燥精」最具代表性功效。

而韓方中最被肯定具有活絡神
經、養顏保健功能的韓國國寶──人
蔘，除了被製成人蔘精、人蔘茶、人蔘餅乾、人蔘糖、人蔘藥
丸、人蔘雞湯、人蔘酒拿來吃喝之外，也被製成各種美容用品
拿來塗抹，像是人蔘香皂、人蔘洗面乳、人蔘乳液和人蔘面膜
等等，保溼護膚功效不錯，尤其因為人蔘有促進血液循環、加
速新陳代謝，以及對身體高溫的舒緩作用，因此在夏季使用更
能感受到它的舒適效果。若是在一般美容用品店購買，價格大
約是面膜一片韓幣三千元(約
台幣八十元)、洗面乳一瓶韓
幣一萬兩千元(約台幣320
元)、乳液一瓶韓幣四萬元
(約台幣1080元)。

人蔘面膜。

紅蔘為何最貴？

　　高麗人蔘分為水蔘、白蔘和紅蔘三種，水蔘是人蔘耕地收割後末進行特別加工的人蔘，因未曾乾燥所以稱為水蔘，一般含有百分之七十五左右的水份，在採集後若不立即加工，則難以貯藏一周以上。

　　為了長期貯藏人蔘，就必須進行脫水加工，而根據加工方式的不同，名稱也不同：使用陽光或熱風乾燥的水蔘稱作白蔘；而使用蒸氣或相關方法蒸熟後乾燥的水蔘稱作紅蔘。

紅蔘產品既可養生又有瘦身功能。

　　紅蔘和白蔘因加工處理過程不同，在形狀、色澤以及成份上便有差異，一般說來紅蔘的藥效高些，因此價格也比較貴。聽韓國女生說服用「紅蔘精華液」可以減肥，因為它可控制食慾、抑制脂肪量。

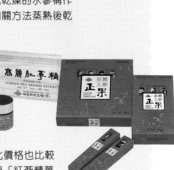

美容護膚水噹噹

　　對外貌自我要求相當高的韓國女人，除了倚賴化妝甚至整形創造完美五官及身材之外，對全身上下的皮膚保養也相當重視，相信不少人對高麗妹白裡透紅、吹彈可破、似乎看不到毛細孔的的肌膚都有深刻印象。

　　除了北國的天候環境讓她們天生擁有較白皙的膚色之外，愛美的高麗妹還會做哪些保養讓自己的皮膚更加水噹噹呢？跟日本一樣重視「沐浴文化」的韓國人，除了也喜歡泡溫泉之外，又想出了哪些獨特的美容護膚秘方呢？

年輕的蔡琳、金素妍皮膚水噹噹。

李英愛和宋允兒都是超級白嫩美女。

　　而跟台灣近年興起的Spa文化最大的不同是，台灣較倚賴先進儀器、沐浴用品來設計療程，強調私人空間，當然價格也不便宜；而韓國走的是自然風、平民價格，且置身於「場面壯觀」的大型公共浴池，這點對於覺得可能要穿泳裝才能自在泡澡的台灣女生而言，高麗妹的大膽解放，頗令我們大開眼界！

宋慧喬是記者公認的皮膚吹彈可破第一名。

人蔘桑拿

在我們的印象中，人蔘是極其珍貴且高價位的補品，拿來吃喝已是種難得高貴的享受，拿來泡澡嘛，倒沒想過，會不會太奢侈了一點？不過來到韓國，我們就是要來見識它國寶的魅力，好好泡人蔘池泡個過癮，當一天「朝鮮皇后」。

人蔘藥泉池漢方秘方的神奇療效一直為人所津津樂道，長期以來中國、韓國、東方各國一直把人蔘作為補血強壯劑來使用，認為當人體受到外部有害刺激時，人蔘能以非異常手段，使非正常化身體調整為正常。一八四三年蘇聯科學家C.A.Mayer以「萬能藥」之意取學名為Panax Insam C.A.Mayer，並把其中藥效最好的韓國人蔘取名為「高麗人蔘」。

「神農本草經」認為人蔘可以補血、開胃、鎮定神經、止吐解渴、促進血液循環及新陳代謝，長期服用可健身長壽。而現代對於高麗人蔘中，有關皮膚接觸時的效能還有更細的發現，研究結果顯示，高麗人蔘可預防皮膚角質化、預防皺紋、去皺紋、增進皮膚保溼效果、促進血液循環防止老化、防止紫外線改善皮膚狀況，以及消炎作用。

有關烏頭山人蔘藥泉

地址：京畿道坡州市炭縣面葛
　　　峴里664-7

電話：(031)944-2233

時間：夏季（4/1~9/30）06：
　　　00～21：00
　　　冬季（10/1~3/31）06：
　　　00～20：00

網址：www.odusanland.co.kr

費用：成人六千韓幣（約台幣
　　　一百六十元）
　　　小孩四千韓幣（約台幣
　　　一百一十元）

烏頭山人蔘藥泉。

　　佔地九百坪的烏頭山人蔘藥泉，可容納男女各三百人，是韓國規模最大的人蔘洗澡堂(也就是世界最大囉，因為要比人蔘水，別國可沒得比)，二○○一年二月開幕，造價便花費了四十億韓幣，烏頭山人蔘藥泉部長申敬植(會說中文喔)表示：為了確保最好的品質，人蔘池水的製造來源是使用最名貴的六年根高麗人蔘莖和人蔘葉，並將水溫維持在對人體最佳的攝氏四十三度到四十四度。

　　除了主要的高麗人蔘池之外，還有漢方機能池可一同享受，偌大的漢方機能池包括了天然玉池、茉莉花

美容護膚水噹噹

63

池、艾草池、綠茶池和天然冷泉池等五種，各有不同療效及功能，也為泡澡增添了更多的感受及樂趣。

人蔘池。

若你想來個特別的按摩，這裡提供了「足部按摩」和「全套全身按摩」兩種。其中「足部按摩」的細項內容包括音波按摩、去角質、足底反射療法、足穴按摩療法以及柔軟體操按摩；而「全套全身按摩」的細項內容則有人蔘面膜、擦香精油按摩、搓澡和洗頭。

烏頭山人蔘藥泉。

另外，烏頭山人蔘藥泉裡，還提供了寧靜的「睡眠區」和營養美味的「人蔘餐廳」，讓大家盡量舒服的睡睡吃吃，尤其在餐廳中，我們可以一邊看著各種種類的人蔘成長及功能說明，一邊吃著料理實在的韓國人蔘雞和這裡備受好評的冷麵，真是一大享受！

愛美就要這樣做！

步驟一：
先去一樓更衣區換掉身上的衣服，是要全身脫光光的喔！

更衣區。

步驟二：
簡單淨身。

步驟三：
進入人蔘池泡澡，大約五分鐘就可以先出來休息一下，不過要注意喔，身上的人蔘水還不要馬上擦乾或洗掉，要讓它自然的乾以利吸收。

淨身區。

步驟四：
如此在人蔘池重複三次，浸泡過程中不要使用香皂、香浴精或泡泡浴精，以免破壞人蔘功能，切記！

步驟五：
可再繼續換泡其他漢方機能池水，如天然玉池、茉莉花池、艾草池、綠茶池、天然冷泉池等。

人蔘療效

依據最新的藥理學及臨床研究，人蔘對以下症狀有自然治癒的效果：
1. 體質虛弱及體力減退
2. 初期糖尿病
3. 多種毒性物質引起的中毒
4. 更年期障礙及骨多孔症
5. 肝機能惡化及宿醉
6. 營養不良、貧血及蛋白質不足
7. 疲勞、受寒及精神壓力
8. 低血壓及血壓調節作用
9. 閉經期月經不順
10. 性機能障礙

美容護膚水噹噹

麥飯石

「把自己想像成一隻懶貓，好好享受窩在壁爐旁睡午覺的感覺」，麥飯石美容法不但可以幫你實現這個願望，還能讓妳一覺醒來皮膚水水嫩嫩，腰痛關節痛的怪毛病都好了！

說到這神奇的麥飯石美容法，我們先要知道主角「麥飯石」到底是什麼玩意兒？僅管我肉眼所見它就是塊大石頭，不過根據了解，這種北國特產礦石，在加水後表面會形成麥芽飯顆粒，故名為「麥飯石」。若以八百度以上高溫加熱之，會釋出大量的遠紅外線，這對加速人體新陳代謝、增進血液循環、改善體質、解除壓力都有顯著的功效。

在中國，兩三千年前已開始有關於麥飯石的研究，「本草綱目」裡記載著「甘溫無毒」，具有治療及預防各種疾患的療效，在日本、中國、台灣，其功效早已聞名，甚至被稱為「長壽之石」。

而近年，專家更深入發現麥飯石具有出色的吸附力，因而開始用做化妝品的原料，尤其對於除去皮膚中的角質層及脂肪效果不錯，相信對女性美容方面大有益處。

賀琳閣麥飯石。

關於賀琳閣麥飯石

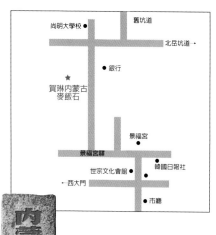

地址：漢城 鍾路區 附岩洞190-3
電話：(02)396-8080
時間：早上09：00到第二天早上
　　　07：00 (可在此過夜)
費用：入場一萬元韓幣加租衣五
　　　千韓幣，總共一萬五千元
　　　韓幣(約台幣四百元)
如何抵達：地鐵坐到「景福宮站」
　　　　　或「市政廳站」，轉搭
　　　　　計程車五分鐘可達

此紀念碑為賀琳閣麥飯石紀
念語蒙古左奈曼市簽定專用
合約。

　　　佔地廣達一千五百平方公尺的賀琳閣麥飯石，寬敞的空間足足可以同時容納二千名客人，由於此地特別強調是以自然素材營造設施，並且使用放射能量世界第一的內蒙古麥飯石，因此從一九九九年九月九日開幕以來，便吸引了大批人潮想來親身體驗。

　　　賀琳閣麥飯石會長南相海表示：這裡使用的設施材質不

麥飯石室的石頭、黃土、竹木都有療效。

外乎麥飯石、黃土、竹木及江原道所產的木炭，全部都是源於自然、融於自然的東西，完全避開對人體有害的要素，一心設計成有利於接收之有益精氣，就連休息室的落地窗外，還有清新涼爽的瀑布景致(冬天則為雪景)，讓使用者能感受自己與大自然是如此接近。

休息室 (Resting Room A)
地板鋪上麥飯石，溫暖的地面就通為休閒空間

　　健康體驗設施除了以高溫治療腰痛、關節痛的「麥飯石室」之外，還有溫度較低、對治療偏頭痛有效的「玉石室」「木炭室」及可以休息睡覺的「睡眠室」。事實上，許多年輕小姐也是看中麥飯石能大量出汗的功能，來此達到瘦身減肥功效。此外，本店還有男、女專用浴池和男、女專用按摩室，其中浴池內的水是用內蒙古麥飯石和木炭淨化過的水，因此對皮膚美容特別有好處。

　　當然，重視全套享受的賀琳閣麥飯石，還設有韓式餐廳及小吃部。韓式餐廳內有炒肉、海帶湯、泡飯、砂鍋拌飯等道地韓國菜，補充客人消耗的能量；而小吃部裡最受歡迎的是用麥飯石燒烤的蛋（雞蛋三個一千韓幣，約台幣二十七元；鴨蛋一個一千五百韓幣，約台幣四十元），另有韓國特殊的甜湯「米茶」，一定要試一試。

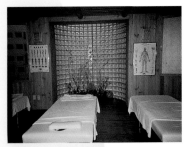
按摩室。

麥飯石燒烤的蛋十分美味。

愛美就要這樣做！

步驟一：

先花幾分鐘沖澡淨身。

步驟二：

換穿輕鬆寬大的白衣白褲加白襪，這可是麥飯石美容法的基本裝扮喔！因為白色對麥飯石遠紅外線的吸收最好。

步驟三：

換上白色衣物以利紅外線吸收。

走進「放射室」，開始進行遠紅外線高溫照射麥飯石美容，由於室內溫度很高約攝氏七十度，因此初期可能不太適應，可先背對著麥飯石蒸，等慢慢習慣高溫後再正面面對麥飯石，當然怕熱的人也可離麥飯石遠些，盡量讓自己在適應得了的環境下出汗，這種出汗不會黏答答所以非常舒適。至於要蒸多久全視個人體質而定，不過專家建議不超過十五分鐘。

步驟四：

在高溫放射室裡最多待十五分鐘。

離開放射室到溫熱的黃土草蓆地板透氣，這個帶有幫助皮膚排毒效果的黃土地板，三個月會換一次以促進療效。你可拿出各種撒野要賴的姿勢，或坐或臥或趴或滾的在此休息，沒人會管你。旁邊還有賣小吃的販賣部供餐，在此我鄭重推薦那「冰涼米茶」和「烤蛋」一定要吃，尤其像「薏仁味甜酒釀」的米茶實在太……好喝，沒喝肯定後悔！

步驟五：

再次進入放射室排汗。事實上，專家建議麥飯石療法若能做到「三進三出」，也就是蒸烤→休息→蒸烤→休息→蒸烤→休息反覆三次，效果最好。

麥飯石療效

1. 化解腫瘤、膿瘡、皮膚搔癢，並可治癒傷口。
2. 有利於體內廢物排出體外。
3. 發汗有助瘦身、消除疲勞(蒸烤過程中流出來的汗水沒有黏膩感非常舒適)。
4. 使皮膚柔軟有光澤。
5. 分解血管內血栓，促進血液循環。

玉石療效

　　玉石的遠紅外線排出技能突出，將人體的氣上升，使精神愉快。

玉石療效

　　將人體的細菌等有機物分解技能突出，擁有解毒、抗菌、防蟲效果。

汗蒸幕

　　汗蒸幕是韓國最具代表性的傳統蒸氣浴，概念起源於六百年前燒陶瓷的窯屋，因此以岩石和黃土堆砌成的巨蛋型窯屋是最主要的設備。嚴密計算顯示，窯屋直徑和高度需在六公尺左右，每塊岩石也厚達一公尺，才能放射出最高效率的紅外線。

　　一般說來，汗蒸幕最上層的溫度，約維持在攝氏七百度至八百度之間，而下層的溫度也高達攝氏九十度至一百五十度之間，並不同於一般的三溫暖，是一種強調高熱的物理治療法。而進行高溫蒸氣浴時，人體會大量排汗，這時體內代謝的雜質也會隨之排出，有效促進血液循環、新陳代謝，讓身心倍感輕鬆愉快，也讓皮膚毛細孔得到充分舒張及養護，變得更加細嫩。

　　在汗蒸幕裏要蒸多久雖然是視各人體質而定，但千萬別逞強，在如此的高溫下最好不要超過十分鐘喔！專家表示，在早上的話，約待二到三分鐘就足夠，在下午則可待五到六分鐘。至於有貧血、心臟病、低血壓的人就更要注意，嚴重者不宜嘗試。

新羅城寶石汗蒸幕

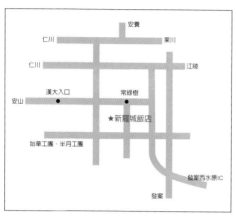

地址：京畿道 安山市 本五洞
　　　874
電話：(031)502-7600
時間：全天候二十四小時
費用：七千韓幣加租衣一千
　　　韓幣，總共八千韓幣
　　　(約台幣二百二十元)
如何抵達：搭乘地鐵4號線在
　　　　　「常綠樹站」下車
　　　　　後，步行三分鐘
　　　　　可達

新羅城寶石汗蒸幕。

　　標榜擁有「寶石汗蒸幕」的新羅城飯店，的確令人大開眼界！二○○二年一月一日開幕、耗資三十億韓幣大手筆打造的「紫水晶燒爐」「黃金房燒爐」和「翡翠燒爐」(翡翠還是法國空運來的)因為造價高昂、造型特殊，不但有美容養身功效，也是視覺上的一大享受，讓人忍不住想一探究竟。

　　新羅城理事李秋烈表示，當初會想到打造寶石汗蒸幕的原因，完全跟健康有關，因為汗蒸幕本是利用紅外線反射原理加溫使人發汗，而寶石材質會增長反射光線

紫水晶燒爐。

黃金房燒爐。

的波長，讓效果更加明顯，不僅可以防菌、擴張毛細管、幫助血液循環、促進細胞生長，還可以活躍細胞組織防止老化。

除了有最新的紫水晶、黃金和翡翠汗蒸幕之外，新羅城也有傳統的黃土汗蒸幕、土炭汗蒸幕以及森林浴，其中以檀香木打造的森林浴房間，空氣特別清新(好像都是氧氣的感覺)，對皮膚美容和治療婦女病最有幫助，在這一間裡還可舒舒服服的看電視喔。

此外，在泡澡的部分也有多種浴池選擇，包括溫泉、冷泉、波浪池、清酒池、咖啡池和綠茶池(好

翡翠燒爐。

健身房。

好玩，到底是餐廳還是浴室？讓我不由得想到古時昏君的「酒池肉林」景象)，而如果想有效消除小腹，不妨去讓水柱好好打一打吧！

至於相關休閒設施還有健身房、按摩房、聚會廳、上網室、食堂、茶屋、水果吧、甜點吧等等，因為樂趣多功能完善，這裡也成了情侶們約會的熱門地點。

咖啡廳。

愛美就要這樣做！

步驟一：

進汗蒸幕前先洗淨身體。

步驟二：

為了避免高溫直接接觸肌膚，所有客人必須都換上這裡準備的粉紅色T恤和短褲。

步驟三：

可任選一種汗蒸幕烤爐(紫水晶、黃金、翡翠、黃土、土炭)進行蒸烤，一踏進去不需多少時間毛孔即全開，體內廢物則順著汗流排出，暢快無比。每一種烤爐約待五分鐘即可出來透氣(可去森林浴享受)，等到呼吸順暢之後再換另一種，體驗不同的感受。

寶石汗蒸幕。

森林浴。

步驟四：

汗蒸幕完後，接下來是好好洗個澡，先利用冷熱泉的交替浸泡，讓皮膚毛細孔開張，迅速排除體內汗垢，再利用渦流或水柱為背、腰、腿及小腹進行按摩，有助消除疲勞，最後可換泡清酒池、咖啡池和綠茶池做皮膚美容。

桑拿浴。

步驟五：

盡情享受新羅城寶石汗蒸幕內的各項休閒設施。

健身房。

治療婦女病妙方 漢方熱敷

「咦？這一個個有洞的椅子是在做什麼啊？」韓國的特殊美容法──熱敷，是以悶熱漢方十多種藥材所產生的蒸氣，來達到強力殺菌的功能，對於治療婦女病、生理不順、便秘、骨質疏鬆症等最有效果，不少汗蒸幕或三溫暖都有加設「漢方熱敷室」(或名「座浴室」)，為女性健康加分。

漢方熱敷專用洞洞椅。

使用者必須穿上不透氣的披風以利出汗，坐在攝氏五十度左右的「洞洞椅」上蒸約三十分的時間，而神效的

利用漢方蒸氣治療婦女病成效受肯定。

秘密便在椅子底部的漢方藥材──包括當歸、枸杞、杏仁、薄荷等等，藥效隨蒸氣發功，而治療師通常也會在此時為你按摩頭部，讓你整個人盡量放鬆，以求更好療效。「漢方熱敷」治療一次的價格約九千韓幣(約台幣二百四十元)。

海水三溫暖

　　「海洋療法」的歷史幾乎
和人類文明史一樣久遠，古希
臘人在西元前四、五世紀便相
信「一切生命始於海洋」，所以
他們重回海洋尋求治療疾病的
方法，並在文獻中記載海洋治
病養生的實例，而之後的古羅
馬人更因為相信「海洋能清除
所有人的疾病」，開始設立許多豪華
的海水公用浴池，將沐浴後能有效
促進血液循環、治療疾病的「海洋
療法」發揚光大。

海水浴場。

　　透過海水三溫暖而成的「海洋
療法」，理論建立在海水對人體是有
益的，因為海水的成分和人體代謝

接連換洗冷熱水浴，可達肌肉放鬆
效果。

所需的成分相仿，其中含有高度濃縮的礦物鹽和微量元素，只要配合
合適的溫度，海水的離子可以輕易滲透到人體內，為人體製造自然痊
癒病症的能量，而海水的去角質功能，又可以讓皮膚迅速明顯的變得
細緻光滑，達到醫療、美容、減壓、減肥的功效。

　　不過海洋三溫暖需要建立在海岸
線附近，引用真正的海水才能療效顯
著，因為包括海水本身成分、海洋環
境、海洋空氣和海中生物如海藻等，
都是「海洋療法」的重要因素，取之
於自然回饋給人類。

*Sea Spa World*海水三溫暖

地址：永宗島 中區 雲南洞1129-11

電話：(02)544-0808

時間：06：00-20：00

費用：大人六千韓幣(約台幣一百
　　　六十元)、小孩四千韓幣(約
　　　台幣一百一十元)

如何抵達：仁川機場有專車接送
　　　　　(一小時一班)，此外從
　　　　　仁川島坐船來，在碼頭
　　　　　也有專車接送

Sea Spa World海水三溫暖。

　　離仁川機場只有十五分鐘車程的Sea Spa World海水三溫暖，佔地一萬五千坪，遠看也像個小機場似的Sea Spa World外型非常氣派壯觀，不但擁有海水浴、室外溫泉、室內溫泉、游泳池、健身房、甚至還有高爾夫練習場，雖然目前還沒有提供住宿，不過根據了解，飯店也在規劃當中。

　　不像一般Spa中為了做海洋療程，需要使用提煉後的海鹽、綠藻、海泥或海藻粉等產品加入池水，Sea Spa World的池水是如假包換的海水溫泉，攝氏三十度的熱水自地下冒出，水質優良對於皮膚美容、關節炎、高血壓、神經痛、血液循環、細胞再生都有相當的療效。

美容護膚水噹噹

除了海水溫泉池之外，浴池還有冷池、熱池、藥草池和按摩池，讓大家可充分享受沐浴之樂，而透過海水溫泉好好按摩肌膚，除了能鬆弛全身肌肉緊張之外，透過皮膚的摩擦接觸，還能促進身體血液和淋巴循環，刺激和調節生理狀況，改善消化和呼吸等身體機能。

室外溫泉。

此外，我要特別一提的是在Sea Spa World裡，有一個觀看夕陽的好所在——CRUISE旗艦餐廳，不但可隨季節變換看到不同的海景及落日景象，餐廳內部的裝潢也是美輪美奐，有讓歌手在船上唱歌的流動船隻，也有掛著

Sea Spa World內的CRUISE旗艦餐廳。

鐵達尼看板的船頭設計，甚至每晚七點到九點還有鐵達尼號表演，創意別具，而CRUISE開幕時還邀請了宋慧喬和金玟等多位名人出席，相片也在餐廳內被掛起。在這裡點飲料消費約五千至一萬韓幣(約台幣一百三十五至兩百七十元)、中西餐約一萬三千至兩萬韓幣(約台幣三百五十至五百四十元)、套餐約四萬韓幣(約台幣一千零八十元)。

歌手在船上演唱是一大噱頭。

愛美就要這樣做！

步驟一：
這裡是「袒裎相見」的地方，所以是要全脫的，要有心理準備喔！

步驟二：
簡單淨身

步驟三：
進入海水溫泉泡澡，由於溫度適中，泡個二十到三十分鐘也沒有問題，此時，深海成分的物質將充分提供身體所需的礦物質元素和維生素，對於水分滯留、脂肪和毒素代謝都有良好作用，可達到柔嫩、白皙、緊實與瘦身效果。

步驟四：
接著換泡冷池和熱池，在這一冷一熱之間，可以讓身體達到放鬆、消除疲勞和鎮靜的功效，充分感受「三溫暖」的美妙。

步驟五：
繼續換泡藥草池和按摩池，加強促進血液循環，讓身體更感輕盈，以收抗老防衰之效。

室外溫泉。

皮膚滑嫩撇步 ——搓澡去角質

不管是做人蔘桑拿、麥飯石、汗蒸幕還是海水三溫暖，在洗澎澎的時候，只要掌握一個訣竅，保證皮膚越來越好，那就是——去角質，說得簡單明白一點就是——搓澡。

韓國人不論男女，可以說從小都是搓澡長大的，做法就是以洗身體的絲瓜布巾或刷子用力地將全身不必要的角質全刷除，再用大水瓢痛快的一沖，如此反覆多次的潔淨全身之後，你會發現身體肌膚摸起來好像嬰兒般滑滑嫩嫩。難怪在大澡堂中，我看大家都洗得很「賣力」，帶著小孩的媽媽也努力的幫孩子搓搓搓，而不少澡堂裡還有專門的歐巴桑在做去角質服務。

由於大家都很重視並了解去角質的特殊功效，因此在韓國各地都可以買到各式各樣的身體去角質用絲瓜布巾，而其中又以像手套般的最受歡迎。

美容護膚水噹噹

77

汗蒸幕和三溫暖設施

天地然（明洞）	位置	中區忠武路2街11-1	營業／休息	全日／無休	對象	女性、男性
	電話	(02)318-8011	專車接客服務	不一定	蒸氣浴設施	有(女性)
	交通	地鐵4號線明洞站下車後從第8號出口出去再步行2分鐘可達。				
	全程服務費	八萬兩千韓元，約台幣二千二百一十元				
	特色	位處熱鬧瞎拼區				
天地然（狎鷗亭）	位置	江南區新沙洞5898-3	營業／休息	全日／無休	對象	女性、男性
	電話	(02)539-8011	專車接客服務	需2人以上	蒸氣浴設施	有
	交通	地鐵3號線狎鷗亭站下車後第3出口出去再步行4分鐘可達。				
	全程服務費	八萬兩千韓元，約台幣二千二百一十元				
	特色	位處熱鬧瞎拼區				
韓三溫暖（Crown飯店）	位置	龍山區梨泰院洞34-69	營業／休息	8：30-24：00／無休	對象	女性
	電話	(022)797-1001	專車接客服務	不一定	蒸氣浴設施	有
	交通	地鐵6號線綠莎坪站下車後第2出口出去再步行2分鐘可達。				
	全程服務費	七萬五千韓元，約台幣二千零三十元				
上道汗蒸幕	位置	銅雀區上道2洞22-55	營業／休息	全日／週日	對象	女性
	電話	(02)826-6077	專車接客服務	不一定	蒸氣浴設施	有
	交通	地鐵7號線上道站下車後第3出口出去再步行5分鐘可達。				
	全程服務費	六萬韓元，約台幣一千六百二十元				

江南Mud（美容泥漿）	位　置	江南區論峴洞98-11	營業／休息	09：00-02：00／無休	對　象	女性
	電　話	(02)544-1008	專車接客服務	需2人以上	蒸氣浴設施	有
	交　通	地鐵3號線新砂站或狎鷗亭站下車後再乘計程車可達。				
	全程服務費	八萬韓元，約台幣二千一百六十元				
瑞草汗蒸幕	位　置	瑞草區瑞草洞1588-5	營業／休息	全日／無休	對　象	女性
	電　話	(02)582-9353	專車接客服務	需2人以上	蒸氣浴設施	有
	交　通	地鐵3號南部長途巴士客運站下車後第6出口出去再步行5分鐘可達。				
	全程服務費	七萬五千韓元，約台幣二千零三十元				
韓國汗蒸Plaza	位　置	龍山區梨泰院洞124-6	營業／休息	09：00-02：00／無休	對　象	女性、男性
	電　話	(02)3785-3311	專車接客服務	需2人以上	蒸氣浴設施	有
	交　通	地鐵6號梨泰院站下車後第2出口出去再步行2分鐘可達。				
	全程服務費	八萬韓元，約台幣二千一百六十元				
	特　色	位處熱鬧瞎拼區				
永東汗蒸幕	位　置	江南區826-34	營業／休息	２４小時／全年無休	對　象	女性
	電　話	(02)557-4271	專車接客服務	需2人以上	蒸氣浴設施	有
	交　通	地鐵2號線江南站下車後第1出口出去再步行15分鐘可達。				
	全程服務費	七萬韓元，約台幣一千八百九十元				
	特　色	知名度高，日本觀光客多				

Mudkorea(美容泥漿韓國)	位置	中區雙林洞240	營業／休息	09：00-02：00／無休	對象	女性
	電話	(02)2268-5561	專車接客服務	需2人以上	蒸氣浴設施	有
	交通	地鐵2號線東大門運動場站下車後第5出口出去再步行5分鐘可達。				
	全程服務費	八萬韓元，約台幣二千一百六十元				
	特色	位處熱鬧瞎拼區				
水晶	位置	龍山區漢南洞723-41	營業／休息	全日／無休	對象	女性
	電話	(02)797-8701	專車接客服務	需2人以上	蒸氣浴設施	有
	交通	乘地鐵3號線在藥水站下車，或乘公車在檀國大學下車後再步行5分鐘可達。				
	全程服務費	八萬兩千韓元，約台幣二千二百一十元				
新國際飯店	位置	中區太平路1街29-2	營業／休息	08：00-24：00／無休	對象	女性、男性
	電話	(02)739-9100	專車接客服務	不一定	蒸氣浴設施	有
	交通	地鐵1、2號線市政廳站下車後第4出口出去再步行5分鐘可達。				
	全程服務費	七萬韓元，約台幣一千八百九十元				
	特色	位處熱鬧瞎拼區				
Capital飯店	位置	龍山區梨泰院洞22-76	營業／休息	06：00-09：30／無休	對象	女性、男性
	電話	(020792-1122,2544	專車接客服務	無	蒸氣浴設施	有
	交通	乘計程車到梨泰院Capital飯店下車可達。在飯店地下2樓。				
	全程服務費	六萬一千五百至七萬一千五百韓元，約台幣一千八百一十三至一千九百三十二元（附增值稅）				
	特色	以人蔘桑拿聞名，香港觀光客多				

白鹿潭	位置	龍山區漢南洞79-3	營業／休息	全日／無休	對象	女性、男性	
	電話	(02)3443-4900	專車接客服務	需2人以上	蒸氣浴設施	有	
	交通	乘計程車到順天鄉醫院十字路口下車可達。					
	全程服務費	八萬五千韓元，約台幣二千三百元					
豐田飯店	位置	中區仁峴洞2街73-1	營業	06：00-24：00(男) 06：00-22：00(女)	對象	女性、男性	
	電話	(02)2266-2151 (轉5131)	專車接客服務	無	蒸氣浴設施	有	
	交通	地鐵2、5號線乙支路4街站下車後，再步行5分鐘可達。					
	全程服務費	七萬四千八百韓元，約台幣二千零二十元					
銀錢湯	位置	龍山區厚岩洞105-64	營業／休息	09：00-21：00／週日	對象	女性、男性	
	電話	(02)754-4683	專車接客服務	需2人以上	蒸氣浴設施	有(女性)	
	交通	地鐵1、4號線漢城火車站下車後，再步行20分鐘可。					
	全程服務費	七萬五千韓元，約台幣二千零三十元					
巴你爾Therapy(索菲國賓飯店)	位置	中區獎忠洞186-54 地下1樓	營業／休息	10：00-21：00／每月第一週	對象	女性、男性	
	電話	(02)2270-3277	專車接客服務	需5人以上	蒸氣浴設施	有	
	交通	地區3號線東大入口站下車後從第1出口出去步行5分鐘可達。					
	全程服務費	六萬至十萬韓元，約台幣一千八百九十至二千百七十元（附增值稅）					

美容護膚水噹噹

馬爾其斯Therapy(JW Marriott飯店)	位置	瑞草區盤浦洞19-3	營業／休息	10：00-21：00／每月第三週	對象	女性、男性
	電話	(02)6282-6262	專車接客服務	無	蒸氣浴設施	有
	交通	地鐵3、7號線高速巴士客運站下車即達。				
	全程服務費	十九萬至六十萬韓元，約台幣五千一百三十五元至一萬六千二百一十六元（附增值稅）				
	特色	五星級飯店高檔享受				

韓國溫泉一覽表

名稱／位置	特　　徵	交通／電話
米蘭達飯店溫泉／京畿道利川市	為含納鹽溫泉、無色、無味、無臭、透明，皮膚保濕效果突出，對皮膚病、腸胃病和神經痛有特效。水溫32℃。擁有露天溫泉、瀑布池、黃土池、游泳池等設施。	從利川長途巴士客運站步行五分鐘可達。電話：(031)633-2001
一東夏威九／京畿道抱川郡	著名的硫磺溫泉。對防治皮膚病、關節炎、神經痛、動脈硬化、糖尿病、氣管炎、便秘等有特效。	在東漢城、上鳳、水踰長途巴士客運站乘開往一東的巴士。然後，在一東換乘班車可。電話：(031)536-5000
韓華公寓式飯占山井湖溫泉／京畿道抱川郡	含重碳酸納的弱鹼性溫泉。擁有麥飯石池、芳香池、露天池、游泳池等設施。	在乙支路韓華大廈(09：00)、蠶室Galleria百貨公司(09：30)和盤浦NewCore(09：40)每天有班車前往。電話：(031)534-5500

名　稱／位　置	特　　　　徵	交　通／電　話
新　北　溫　泉／京畿道抱川郡	從地下六百公尺處湧出的重碳酸鈉溫泉，對防治更年期障礙，抑制皮膚老化和美容有特效。溫泉池內有蒸氣浴設施。	在國鐵議政府站乘京元線列車到哨城里站下車，然後換乘開往新北溫泉的53、57路長途巴士至終點站下車。電話：(03)535-6700
藥　岩　溫　泉／京畿道金浦市	場內的紅鹽泉池是地下四百公尺處湧出的礦鹽泉、鹽度為海水的十分之一，礦物質和無機物質含量豐富。	在金浦國際機場乘6路(開往陽谷)高級公車後，在陽谷下車，然後再換乘開往大明里的小公車至藥岩觀光飯店前下車。電話：(031)989-7000
海雲臺Grand飯店溫泉／釜山市海雲台區	水溫40-62℃的弱鹼性單純食鹽泉，含有元素，對皮膚美容、血液循環、糖尿病、高血壓、貧血有特效。擁有麥飯石池、藥池、艾草霧池等設施。	在金海國際機場乘機場大巴307路機場班車，或在釜山火車站前乘坐302、2001路公車。電話：(051)740-0460
樂園(Paradise)飯店溫泉／釜山市海雲台區	水質與海雲台Grand飯店的溫泉一樣，擁有四季露天池和露天游泳池。	在釜山火車站前乘302、2001路公車。電話：(051)749-2333
五色GreenYard飯店溫泉／江原道襄陽郡	為海拔六百五十公尺處湧出的鹼性溫泉，又含有爽膚的碳酸溫泉的各種成分，對防治神經痛、關節炎高血壓和血液循環有特效。	在束草機場每日有班車運行。或在東漢城和上鳳長途巴士客運站乘開往束草和五色的長途巴士可達。電話：(033)672-8500
尺　山　溫　泉／江原道束草市	地下四百五十二公尺湧出的53℃的溫泉，含有氟元素和鐳元素，為強鹼性的單純泉，擁有麥飯石的玉三溫暖、遠紅外線蒸氣浴室等設施。	在束草長途巴士客運站乘3路公車。電話：(033)636-4000-6

美容護膚水噹噹

名稱／位置	特　　徵	交　通／電　話
邊山溫泉／ 全羅北道扶安郡	含有硫磺的鹼性重碳酸納溫泉。無色透明，對解乏、防治神經痛、更年期障礙、防止老化和皮膚美容有良好的效果。	在扶安乘開往邊山和格浦的長途巴士(1小時1輛)。 電話：(063)582-5390
石汀溫泉／ 全羅北道高敞郡	世界第二個鍺溫泉。飲用或沐浴可提高對疾病的自然治癒力。對防治高血壓、糖尿病等各種中老年病症有特效。	在高敞長途巴士客運站乘8路公車(30分鐘1輛)。 電話：(063)564-4441
大屯山溫泉觀光飯店／ 全北道完州郡	地下六百二十公尺的巖石層下湧出的弱鹼性硫磺溫泉。擁有泥漿中藥三溫暖室、艾草三溫暖室、麥飯石三溫暖室等，對皮膚美容和防治婦女病有特效。	在漢城高速巴士客運站乘開往錦山的高速巴士在錦山長途巴士客運站下車後，換乘開往大屯山的直接汽車。 電話：(063)263-1260-3
竹林溫泉／ 全羅北道完州郡	Ph9.43的鹼性硫磺溫泉，可飲用，對防治腸胃病、皮膚美容、關節炎、高血壓有特效。擁有黃土房三溫暖室、松葉和艾草三溫暖室、中藥露水三溫暖室等設施。	從漢城火車站乘全羅線列車在竹林溫泉站下車，或在全州市Core百貨公司前乘班車。 電話：(063)232-8832
月出山溫泉飯店／ 全羅南道靈岩郡	以麥飯石為水源，又稱為麥飯石溫泉，為弱鹼性食鹽泉，含有豐富的礦物質和溶存酸素量，遠紅外線放射量豐富，對解乏、防治神經痛和皮膚病有特。	從漢城高速巴士客運站乘開往靈岩的高速巴士在靈岩長途巴士客運站下車。 電話：(061)473-6311
錦湖和順渡假村／ 全羅南道和順郡	地下二百四十八公尺湧出的水溫36℃的溫泉。含有皮膚美容所必需的鋅成分和強化神經和心臟功能的成分，並含有對皮膚病和關節炎有特效的硫磺。	在光州市光川洞長途巴士客運站每20分鐘有一輛班車開出(09：00-18：00)。 電話：(061)370-5000

名　稱／位　置	特　　　徵	交　通／電　話
慶州韓華公寓式飯店／ 慶尚北道慶州市	地下六百八十五公尺處湧出的ph7.5，水38℃的弱鹼性溫泉。有助於血液循環、潤澤皮膚，有鎮定作用。	在慶州市區乘開往普門旅遊區的10、18路公車。 電話：(054)745-8060
德邱溫泉飯店／ 慶尚北道蔚珍郡	41.8℃的弱鹼性泉，對防治筋骨病、皮膚病、中風、糖尿病和皮膚美容有特效。	在盈德長途巴士客運站乘開往德邱溫泉的長途巴士。 電話：(054)782-0677
迎日灣溫泉／ 慶尚北道浦項市	Ph9.43的鹼性重碳酸鈉溫泉，水溫為35℃，對解乏、皮膚美容、防止老化、防治神經痛、關節炎、心臟病，改善肝功能有特效。	在浦項高速巴士客運站對面乘160路公車。 電話：(054)285-0101/2
清道熔溫泉飯店／ 慶尚北道清道郡	地下八百五十公尺湧出的鍺硫磺溫泉。對防治關節炎、腸胃病、貧血和神經痛有特效。	在大邱南部長途巴士客運站乘開往清道的直達汽車。 電話：(054)371-5500
釜谷夏威夷／ 慶尚南道昌寧郡	78℃的硫磺溫泉。對防治呼吸道疾病、皮膚病、強身有特效。擁有溶洞溫泉浴、溶洞三溫暖、黃土中藥三溫暖、人蔘池等。	在漢城南部長途巴士客運站有開往釜谷的長途巴士。 電話：(055)536-6331

美容護膚水噹噹

三大瞎拼區名店全搜

　　如同台北有東區、西門町、公館、五分埔等不同逛法的瞎拼區，韓國也有狎鷗亭、明洞、梨大、東大門等各有特色的購物聖地，有的以琳琅滿目的櫥窗設計吸引你的視線，有的以平價的可愛小物讓你忍不住掏錢，有的以密密麻麻的個性小店誘你一步步尋寶，有的以色香味俱全的美食逼你不得不停下腳步。而對於瘋狂的韓劇迷們，這兒更是處處有驚喜，因為偶像代言的商品或看板，隨時會在你身邊出現喔！

　　不過以「名牌街」聞名的狎鷗亭，因為在第二篇「整一整更有型」裡已簡單介紹過，此區是韓國消費最高的地方，為避免各位荷包失血，這裡就不再深入，而把全副精力放在明洞、梨大和東大門上開疆拓土，一方面可以好好觀察韓國的服裝特色和飲食文化，一方面也可以細細品味三大瞎拼區所呈現不同的流行魅力，相信大家會發現從此海外又多了一個玩樂新天堂、購物新戰場呢，GO！GO！GO！

明洞

位置：漢城市中區明洞一
　　　街、忠武路一帶
交通：地鐵二號線「乙支路
　　　入口站」或四號線
　　　「明洞站」5-8號出口
營業時間：上午十點半到晚
　　　　　上十點半

明洞街景。

明洞外觀亮麗的咖啡廳。　　　　　明洞的大型精緻賣場。

　　說明洞是「韓國的西門町」這個比喻實在非常貼切，因為不論吃喝玩樂、穿著打扮、聽的看的全是衝著年輕人而來，還記得我和妹妹逛街時，耳邊是不停地不停地傳來韓國當紅少女團體「Baby VOX」最新主打歌曲的快節奏旋律，聽得我們也快要會唱了，咦？這種「強迫學會法」好像在西門町時也有同樣的經驗，嘻！

　　但是細微比較明洞和西門町的不同，我發現明洞多些獨棟建築的品牌商店，且各家店的服裝特色較有區別，不像西門町的服裝樣式重複性那麼高，感覺類似的店太多了一點。這是屬於「瞎拼Queen」以上層次的人在討論的話題，也是我對明洞的高度讚美。

明洞店家。

想把「恩熙」提回家嗎？

Event
70,000원이상 구매고객에게
'클라이드 화이팅 물통'을 드립니다

clride穿出年輕人的休閒自在。

不可錯過
的明星代言品牌

　　喜歡「藍色生死戀」的朋友有福了，我們可以在明洞找到恩熙、俊熙和泰錫的身影喔！化身服裝模特兒的他們，展現的是完全不同於藍劇中的另一種樣貌，想一窺他們的代言模樣嗎？或許你還可以拿到這些偶像的服裝目錄或包裝袋回來作紀念呢！

　　位在中央路上的clride，服裝走向十分年輕，因此也找來最受年輕人歡迎的宋慧喬當代言人，不過仔細看看店內的服裝還頗中性的，會適合看起來像小公主般的慧喬妹妹嗎？沒想到是我多慮了，因為宋慧喬的可塑性相當高，打開服裝目錄全是這小妮子古靈精怪的表情，而台灣影迷難得見到的宋慧喬耍酷模樣（ㄛ……我超愛的），也被製作成大大的看板高掛在店內。

　　問店長是否有很多人是衝著宋慧喬而來消費的？原本嚴肅的店長一聽到「宋慧喬」便知我們的來意，態度也隨之輕鬆

宋慧喬耍酷有一套。

RADIO
GARDEN
包裝袋。

宋承憲的健美露點照。

許多的說：「是啊！日本人和台灣人都有不少。」再加上韓國的「學生族群」，這新生代小天后的影響力絕對不可小覷。根據了解，clride 於二〇〇二年四月十號也在香港開了分店，當天宋慧喬親臨開幕現場剪綵加簽名，還造成大轟動呢！

接下來要找宋承憲代言的RADIO GARDEN服飾，便要先進入一個名為UTOO ZONE的賣場，這個四層樓的賣場有非常新穎的專櫃及規劃，若要認真逛起來，收穫肯定不小。一樓是化妝品和精品區，二、三、四樓則是服裝區，而「俊熙哥」的RADIO GARDEN就在四樓。

由於服裝特色是走輕鬆休閒路線，因此服裝目錄中的宋承憲也有不少徜徉海灘邊的鏡頭，有時頑皮有時酷……而看著看著突然聽到一聲驚叫：「哇！還有露點呢……」是的是的，請各位迷哥迷姐不要流鼻血，男模出身的宋承憲因為擁有健美的胸肌，不露的話實在太可惜了，不是嗎？

至於另一位美男子元彬代言的GIA服飾也在不遠處。走的是

朴志胤為Jam
Sports牛仔系列
代言。

元彬充滿青
春活力。

GIA這一季
球風。

運動休閒路線的
GIA，因為找來深
具青春氣息的元
彬，而顯得更加活潑有流行

感，尤其在這「足球熱」的當兒，元彬穿起足
球衣、長筒襪踢足球的模樣，真是教人忍不住
要跳起來為他大喊：「阿彬，加油！加油！加
油！」（原諒我已經抓狂了……）

　　走出店外斜對角，遠遠就看到一位熟悉美
女的巨幅海報，「咦？不是朴志胤嗎？」這就
是走在明洞的好處，左顧右盼都可以跟明星打
招呼。MODEL出身的朴志胤穿起牛仔褲真是
有型，韓國知名的Jam Sports牛仔系列當然不
會放過請她代言的機會，只見一張張型錄也拍
得好美，值得歌迷好好珍藏。

朴志胤型錄上這張有
點像王祖賢。

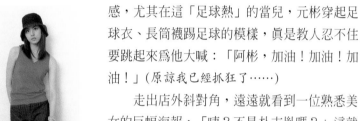

台灣找不到的正點貨色

金剛鞋

　　說起「Kumkang」這個品
牌，在韓國可是大大有名，因為
它是頗具歷史的高質感鞋店，雖
然不走嶄新流行路線而多以基本

款為主，不過設計高雅、耐看耐穿，因此一直很受歡迎。女鞋價位約韓幣十二萬至十九萬(台幣約3240至5135元)。

LANDROVER

LANDROVER也是韓國老店，隸屬Kumkang，但走休旅風。從店內鞋子、包包、衣服、手錶的款式看來，它是兼顧美觀與好用的，製作非常紮實。右圖中這個包包的樣式和顏色我都很喜歡，定價韓幣二十二萬八千元(台幣約6160元)。

Esquire

esquire受歡迎的程度，從它在一條街上擁有兩家店面就可知曉，一家專攻鞋子，另一家則專攻皮件。esquire雖然和Kumkang一樣走的是質感路線，不過我覺得它的女性鞋款及包包更有女人味，上圖中這柔美的白色包包定價韓幣十八萬八千元(台幣約5080元)。

MOOK

走進MOOK的第一印象就是──Cool！因為它的貨色顏色有限、樣式簡單，非常素雅有個性。店長表示，剛開始的MOOK

只有黑白兩色，後來隨著配色需求才漸漸又加入了米色、淺黃、淺橘等等，香港起家的MOOK，目前在亞洲只有韓國和新加坡有分店，台灣還沒有。第91頁下方圖中各類背包從韓幣六萬至二十萬(台幣約1620至5405元)都有。

Tangle

我和妹妹都讚不絕口的Tangle，走的是青春洋溢、色彩豐富的少淑女路線(年齡層約十五至三十五歲)，整間店從外觀上來看就十分明亮耀眼，內部擺設也很有設計感，一些水晶珠簾、彩色石頭等裝飾品，都讓我看了心情愉快。而左圖這件最讓我們愛不釋手的桃紅色鉤織上衣定價是韓幣四萬八千元(台幣約1300元)。

Teenie Weenie

以熊熊為主角，外觀可愛又溫馨的Teenie Weenie，走的是標準英式風格。不少格子襯衫、背心、T恤都會讓我聯想到英國威廉王子穿著它的帥氣模樣，而大大的長外套則別具貴族氣息。Teenie Weenie的中性特色頗適合當成情侶裝來穿著，而可愛別緻的包裝袋更是吸引人購物的一大重要因素。

SUPERMARKET

　　火紅色的大門加上彩球裝飾，是SUPERMARKET的「正字標記」，這家韓國自製品牌，深入漢城各個熱鬧的shopping區域，明洞當然不可能沒有。服裝特色頗具東洋少女風的SUPERMARKET，對流行配件的掌握相當敏銳，牆上也有日本偶像如深田恭子、帕妃等人的祝福和簽名，穿上

SUPERMARKET的衣服走在路上肯定最in。右圖中我忍不住買下的繡花皮帶是

韓幣三萬五千元(台幣約945元)。

明洞衣類

　　雖然名為「明洞衣類」，不過這裡可不只賣衣服而已喔！只要是女生需要的包包、髮飾、項鍊、手環或可愛的小玩意兒，這裡一應俱全，由於是走中型商場的型態，明洞衣類的價格也頗公道，「我敢保證」這裡絕對是物美價廉的地方。右圖中的透明手提袋只要韓幣七千九百五十元(台幣約214元)。

SSA VISAGE

　　SSA VISAGE這家三層樓大型服裝店，因為服裝種類眾多、試穿方便且走平價路線，是讓我和妹妹在明洞最沒有抵抗能力的地方。老闆得意的說，不少日本客人逛了東大門之後，還是又回來買，因為價格沒差多少，但東大門逛得眼花撩亂，不好試穿又難以決定，聽說日本不少流行雜誌也都報導過SSA VISAGE的好逛之處。右上圖中的粉紅色洋裝韓幣二萬六千元(台幣約702元)。

CA dream加州之夢

　　拜「世足賽」之賜，充滿熱情活力運動風格的CA dream商品也賣得強強滾，從櫥窗中陳列的啦啦隊式服裝，到店內有足球圖案

的上衣、休閒褲、牛仔褲等都是人氣商品，尤其某一款主打的足球風T恤，顏色選擇有六、七種，一件只賣韓幣七千八百元 (台幣約210元)，來者無不把它當成紀念品購買。

吃在明洞最滿足

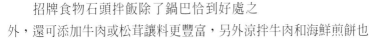

全州中央會館

　　別看這家「全州中央會館」位在小巷內，吃飯時間一到可是要排隊的，知名度高得嚇人，尤其是日本觀光客，一來到明洞便指名要吃全州中央會館的「石頭拌飯」，而從店內放眼都是日文的情況看來，這石頭拌飯還真是緊緊抓住了桃太郎的胃。

　　招牌食物石頭拌飯除了鍋巴恰到好處之外，還可添加牛肉或松茸讓料更豐富，另外涼拌牛肉和海鮮煎餅也是點菜大熱門，我鄰座的香港客人吃得讚不絕口，問他是如何得知這家店的？他說得輕鬆又犀利：「我吃東西一向是看哪裡人多就去哪，從來不會錯！」十足有經驗的老饕模樣，他的心得我在這也提供給大家做參考。

◎加牛肉或松茸的石頭拌飯一萬四千韓幣，台幣約 380元
◎石頭拌飯八千韓幣，台幣約 215元
◎涼拌牛肉二萬五千韓幣，台幣約675元
◎海鮮煎餅一萬三千韓幣，台幣約350元

長壽燒烤

　　看到長壽燒烤，不少人都覺得眼熟，沒錯，這家韓式烤肉專賣店在台灣也設有分店，相信喜歡吃韓國烤肉的人已在台灣嚐過它的美味，不過說真的，韓國長壽燒烤的滋味可是更

讚，除了沾醬多樣且口味獨特是一大原因之外，享受韓式正統餐具加專人指點的韓式道地吃法，也會為美味加分。

根據了解，韓國烤肉的正確吃法，是要先將烤好的肉沾上調味辣椒醬，再拿起大片的山葉，將烤肉層層包住，然後一口塞進嘴裡，讓肉、醬、菜合而為一口感最佳。

◎烤肉三萬韓幣，台幣約810元(兩人份)

營養中心(Nutrition Center)

人蔘雞是韓國最具代表性的美食之一，而營養中心的人蔘雞在韓國又是大大知名，別小看這間沒什麼裝潢的營養中心貌不起眼，走進店內便可以發現多家電視台來此探訪的文字紀錄和照片(明洞這家是本店，另外在新村、狎鷗亭各有分店)。

製作很花功夫的人蔘雞，是結合人蔘、紅棗、糯米一同精燉兩小時以上才有的結果，難怪雞肉嫩得不能再嫩，而營養豐富的人蔘湯頭又是清香甘美，教人回味再三。不過我還要大力推薦營養中心的手扒雞，不知怎麼可以烤得如此皮脆肉嫩，吃完齒頰生香，真的從來沒有吃過這麼好吃的烤雞。

◎人蔘雞八千五百韓幣，台幣約230元；手扒雞七千五百韓幣，台幣約200元

CINNABON

雖然我知道肉桂捲並非正餐，但我絕不能在這個美食環伺的地方，錯過介紹這樣我最愛的甜食，我想如果你也是CINNAMON的死忠愛好者，也急欲想聽到它的消息、知道它的所在吧。

標榜「World famous cinnamon rolls」的CINNABON，在韓國已是知名的連鎖店，像我這種對肉桂極度迷戀的人，還在店外就會很自然的

順著香氣走進，它有原味的Cinnabon Classic、加了核果的Pecanbon、份量較小的Minibon，以及比較不甜卻深具香酥脆口感的肉桂條，此時，若再配上一杯摩卡拿鐵冰沙(Mochalatta Chill)，一切就太完美了！

◎餃子一籠五千韓幣，台幣約135元

明洞餃子

　　明洞餃子出產的是帶有中國北方口味的蒸餃，大大一顆，餡飽滿皮帶勁，還帶著淡淡的韓式酸味，非常有嚼感。如果你這一餐想吃得清淡又不失美味，明洞餃子絕對是最佳選擇。

　　韓國也是有「餃子」這道中式食物，但卻不是我們常吃的那種水餃，反而是凡是用麵粉皮包著餡兒的都叫「餃子」，所以模樣像餛飩、水餃、蒸餃、煎餃、鍋貼、小籠包……甚至肉包菜包者，一律統稱「餃子」，而韓國最常見的餃子，大概是我們水餃的一半大，加在麵裡吃(外形像水餃、吃法像餛飩)。

◎炸豬排七千五百韓幣，台幣約200元；炒飯五千五百韓幣，台幣約150元

明洞炸豬排

　　明洞人氣最旺的日式料理店首推「明洞炸豬排」，老實說，因為這道美食並不是韓國特產，所以本來也不在我五臟廟的考慮範圍之內，但既然友人大力推薦我便姑且嚐之，結果……喔咿嘻ㄌㄟ！香酥爽口不油膩的炸豬排，搭配清爽的生菜和夠味的醬料，真是一口一口都有說不出的滿足，就連白飯的香甜度和軟硬度都恰到好處，我想身為最有資格評論米飯的中國人，我都很驚訝它的做法呢！

觀光客必逛
的樂天免稅店

與明洞鬧區以地下道相接的明洞樂天百貨，是韓國第一家百貨公司，因為交通方便地理位置優越，因此也是最受歡迎的百貨公司，每逢假日人潮擁擠的程度，不輸台北東區SOGO百貨，雖然摩肩擦踵造成購物困難，但，女人啊……似乎就有這方面的自虐傾向，一定要在這種拼得你死我活的環境下挑東西才會爽，買到才更有成就感。

這麼有代表性的地方，妳不但應該來看看，身為觀光客的妳，更不可錯過十樓和十一樓的樂天免稅店，因為這裡的名牌，明顯比樓下百貨公司的便宜許多，但一定要憑護照和機票才能買東西，所以不出國的人還沒辦法買。不過在此也要先提醒大家，買了免稅品之後並不能馬上提走，要等到上機前在機場提貨，所以有急用的東西在這買就不合適，但對不想大包小包繼續逛街的人來說，這可是個貼心服務。

樂天免稅店10樓的名牌專櫃包括L.VUITTON、C.DIOR、PRADA、GUCCI、FENDI、BURBERRY、VERSACE、HERMES、CHANEL、ARMANI、FERRAGAMO等十多家，一口

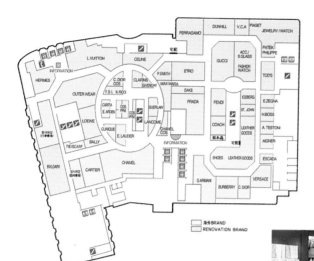

樂天免稅店十樓
的平面圖。

樂天免稅店十一樓平面圖。

氣走下來實在非常過癮，當我逛BURBERRY時，發現一旁準備結帳的日本觀光客是一次拿了十幾個大大小小的包包，真是令人心驚肉跳的場面啊！說Burberry是從日本紅回英國的還真是所言不虛，而台灣也因話題女王璩美鳳和游揆的連續穿著，讓它知名度大增，當然崇尚名牌追求流行不落人後的韓國，也有越來越多人愛買這個牌子。像韓國造型天后李貞賢，來台那次就帶著Burberry的短褲和小可愛，總之可說是全亞洲發燒啦！

　　不過，在樂天百貨的免稅店買名牌真的有比較便宜嗎？究竟又便宜多少呢？在這我也提供實際數字讓大家做參考：以

Louis Vuitton最新出的「一面七朵一面八朵的十五花小肩包」為例，在樂天十樓免稅店裡的價格是美金六百三十元(台幣約21420元)，不過下到一樓的百貨公司裡，價格就是韓幣九十二萬五千元(台幣約25000元)，而在台灣的LV精品專賣店裡則是定價二萬四千五百元，所以還真的便宜不少呢！

想要買些韓國特產如人蔘、紫水晶、皮革、陶瓷器或工藝紀念品的人，可上十一樓選購(尤其免稅店裡的人蔘產品比較有品質保證)。另外，如果逛街逛累了，十二樓和十三樓是可以讓你大快朵頤，準備吃飽再戰的最佳補給站，十二樓多日式及韓式食物，味道都很道地(尤其是冷麵)。十三樓則有兩家不錯的義大利餐廳和吃冰淇淋的地方，我個人因為在大學時聽學姐說

過一句：「我吃過最好吃的pizza竟然是在韓國！」而對韓國的義大利pizza相當好奇，如果你自認對pizza的口味還算有研究，或許也可以吃吃比較看看。

觀光客才能在樂天免稅店購物。

韓國的「問路文化」

　　韓國是出了名難找地址的國家,因為很多地方根本沒有路名,像明洞最熱鬧的這條「中央街」,也是因為世足賽開打,為了方便外國人觀光而取的,不然它本來根本沒有名字,也不需要有名字,因為韓國人認為,只要說「那條明洞最熱鬧的、最明顯的……」大家就都知道了,何必要名字?(真是詭異了)

　　基本上,韓國只有大的街和路有名字,至於小的街和路就是用「形容」的,對於一個目標,你可以說它在某個大的建築物旁,或本身有什麼特徵,或它必須怎麼彎、怎麼拐、怎麼繞就會到,反正就看每個人的形容功力了,所以路上隨時都會有人問路,非常稀鬆平常,而你拿到一個新地址,也別以為到了就找得到,一定要問主人怎麼走,聽他如何「形容」,否則到時候就只有一路上猛問路了。(怪不得韓國手機如此發達……)

　　雖然韓國行政單位已決定要改善這個問題,不過早就習慣「問路文化」的韓國人,似乎覺得這樣問來問去並不差,可以敦親睦鄰聯絡感情,蠻有人情味的嘛!

明洞逛街地圖

中央街

樂天飯店

樂天百貨

明洞地下商街

明洞路

美都波百貨

Amore

金剛鞋

LANDROVER

明洞聖堂

Esquire（鞋）

Mook

Teenie Weenie

Esquire（皮件）

Tangle

Dunkin Dounts

Super Market

麥當勞
Utoo-zone
(Radiogarden)

明洞餃子

Seattle Best Coffee

Jam Sport

EIA

Burgerking

Mini Mall

SSAVISAGE

CINNABON

營養中心

W.Mie精品

Clride

25時音樂社

UTOO ZONE

明洞衣類

長壽燒烤

KFC

Starbucks

全州中央會館

加州之夢

Migliore

Pizza Hut

退溪路

地鐵4號線

梨大

位置：漢城市西大門區大
　　　峴洞一帶
交通：地鐵二號線「梨大
　　　站」1-4號出口
營業時間：上午十點到晚
　　　上十點

平價價格的小店也吸引高中女生。

梨大附近的小店都是針對女學生而來。

　　具有文藝氣息、咖啡店林立的梨花女子大學兩側，因為挾著「火花拍攝咖啡街」的新名目，而成為台灣旅行團的熱門觀光景點。也因此，我總是在旅行社的導遊簡介中看到這樣的話：「來這裡喝咖啡，與鄰座的女大學生以英文交談，或許可以結下一段美好的友誼及因緣。」

　　哈哈！各位男士們，也許你是該鼓起勇氣一試，搞不好真會衍生出一段如同元彬和深田恭子「Friends」般的異國戀情，不過所有的小姐們，千萬別只在這坐著喝咖啡，因為這裡可是尋寶的好所在，趕快跟我一起來深入挖掘吧！

裴勇俊代言的
old&new服飾。

令人羨慕的店員小
姐，可以天天見到
裴勇俊。

直搗裴勇俊
的old&new服飾

　　這家裴勇俊代言的old&new服飾雖然位在
巷內，但在FANS心中，卻是一個發光發熱的
「景點」，也是來梨大首要尋找的目標。

　　或許是經歷過不少FANS在此瘋狂的場
面，店長金先生對
於我的「來意」非
常清楚，甚至主
動和店員小姐合力
搬出裴勇俊的巨型
大海報讓我拍個
夠，真是善解人意
啊！而說到這位店
員小姐真是人見人
羨，因為──她可
以天天見到偶像裴

店長介紹賣得最好的服裝。

勇俊(儘管只是不會說話的照片也好)，大家
都虧她就算工作再累再辛苦也是值得的呀！

　　old&new服飾的一派清新，跟裴勇俊的形
象完全契合──清爽的白、淡淡的藍、素素的
格子……將裴勇俊的書生氣質和新貴風範表
露無疑。問金店長什麼樣的衣服賣得最好？
他毫不猶豫地拿起一款目錄上配好的淺藍色

襯衫和深藍色休閒褲，嗯……的確是很有「裴式風格」。且令Fans感到安心的是，old&new的衣服並不貴，襯衫是韓幣四萬三千元(台幣約1160元)、休閒褲是韓幣三萬九千(台幣約1054元)、而背心只要韓幣三萬三千(台幣約890元)，就算想買下作紀念也不致失血過多。

裴式穿法一：藍白配。

根據了解，裴勇俊在「冬季戀歌」中穿的不少服裝也都是old&new提供，像他平時常穿的高領毛衣、暗色外套，以及高中時期所穿的大衣，都是old&new上一季的冬裝。

裴式穿法二：也是藍白配。

裴式穿法三：還是藍白配。

足球項
鍊現在
當紅。

張東健、金喜善聯手賣金飾

　　位在old&new巷口的mini GOLD，同樣是因為有大明星代言而聲名大噪，讓人經過都會行注目禮，因為結合韓國第一帥哥張東健和第一美女金喜善的金飾廣告，實在是太耀眼啦！

　　這波緊抓「世足瘋」的情侶金飾廣告拍得俏皮又熱情，張東健和金喜善不但都換上運動服，金大美女還將帽子反戴，像個小男生似的，兩人都在臉部畫上南韓國旗彩繪，並做出大力加油手勢，非常有POWER。

　　而這一波主打的金飾也比較中性化，鍊子粗、墜子也像金幣般大大塊，很像印象中「漢操」一級棒的黑人運動員會戴的那種，而足球圖樣的墜子也是流行新款，戴上它保證是最有活力的裝扮。

"우리사랑도
Goal~in!!"

金喜善代言的紫蝴蝶系列非常暢銷。

俊男美女代言金飾受矚目。

Oro的粉
紅玫瑰系
列首飾。

ESTTEL的首飾設計感佳。

　　miniGOLD的旁邊也連著有兩家金飾店，想選購美美首飾回去作紀念的人，可一併挑選比較，貨比三家不吃虧嘛！旁邊ESTTEL的首飾走的是流線感佳的創意設計路線，而再旁邊的ORo，首飾造型柔美有女人味，上圖中我個人非常中意的粉紅色玫瑰系列，已賣到缺貨。

個性小店尋寶路線

VooDoo

　　被我戲稱為「巫婆店」的VooDoo，店名的確是魔法或巫術的意思，它最大的特色是服裝清一色全黑！包括洋裝、上衣、褲子、鞋子、帽子全是烏漆媽黑，找不到第二種顏色。由於風格如此特異，我是一定要把老闆挖出來盤問的：「請問老闆是有色盲嗎？」，一

邊搖搖頭一邊靦腆笑著的金老闆，坦承「全黑」是他的idea，一開始只是因為自己很喜歡黑色，後來成為眾所討論的話題後他便索性堅持下去，開店四年慕名而來「參觀」的人不在少數。VooDoo走平價路線，上衣約二萬至三萬韓幣(台幣約540至810元)、褲子四萬韓幣(台幣約1080元)、鞋子七萬至八萬韓幣(台幣約1890至2120元)。

JAMESDEAN

以好萊塢明星「詹姆斯狄恩」為名的內衣店，是韓國知名主持人周炳鎮所開。走過JAMESDEAM的玻璃櫥窗，眼睛絕對會被sexy的各式內衣所吸引，因為它的質感和設計都太別緻了，就算知道不便宜也覺得合理。右圖中這款嫩綠蕾絲內衣是我的最愛(天啊！這是內衣嗎？簡直可以穿它走星光大道)，定價韓幣十六萬(台幣約4325元)；而咖啡色像泳裝的這一套，定價韓幣五萬五千(台幣約1485元)。

kkang

位在裴勇俊old&new旁的kkang，走的是日本娃娃路線，

色彩繽紛，穿著搭配十分年輕，鮮豔的塗鴉T恤、八分破牛仔褲配腰鍊、熱帶風情的背包，都抓住今年流行的味道，而且更重要的是，它的價格走的是學生價位，可以放心的買。如果你特別喜歡這一型的小店，附近巷子裡還有很多家，像是J.R.、PAPAYA……都走卡娃伊路線，且小東西特別多，挑選起來樂趣十足。

bz

bz的全名是biz-biju，就是珠珠的意思，果然，整間店裡放眼望去盡是點綴著珠珠亮片的包包、鞋子、項鍊、手環……閃亮耀眼。我一邊採訪就一邊發現這小小的空間，不斷擠進梨大女學生在討論要買什麼，有的還是老客人了，因為身上就背著店裡的某一款限量包包，看來女學生對這家店裡的東西也是蠻沒抵抗力的。項鍊韓幣一萬(台幣約270元)、鞋子韓幣十萬(台幣約2700元)、包包韓幣二萬至三萬(台幣約540至810元)。

Bodyguard

　　如果要買情人內衣，我覺得Bodyguard的內衣是最好的選擇。在觀念開放的現在，男女朋友一起逛內衣店不但稀鬆平常，也是一種情趣，當然如果到了什麼生日、情人節、聖誕節這種要買紀念品慶祝的日子，「情人內衣」更是一種貼心的禮物。Bodyguard不但有為男女設計成套的內衣，還有精美的盒裝，設想相當周到。左上圖這套鐵灰色性感內衣一共三萬韓幣(女二萬一千、男九千，台幣約810元)，另外上圖這套「心心相印」內褲一件韓幣九千(台幣約243元)。

Anna&Paul

　　以老闆娘和老闆的英文名字為店名的Anna&Paul，擁有相當引人注目的櫥窗設計，讓飾品一個個變得更可愛了。店長表示，店裡的所有髮飾首飾都是手工製品，所以戴出去幾乎不會遇到相同的，很多女生特別喜歡這一點。Anna&Paul在韓國一共有三家店，全都開在女子學校附近，由於消費族群掌握得宜，生意也特別好呢！平均價格一萬至二萬韓幣(台幣約270至540元)。

Chelsea Blue

　　梨大附近最受日本觀光客歡迎的皮件店，首推Chelsea Blue，獨特的品味原本就令人目不轉睛，老闆娘的親切態度更讓人有購買慾望。我喜歡它袋子擁有不死板的多種樣式及顏色選擇，且和銅環卯釘等作搭配，又酷又有流行感，加上鞋子很好配套，真是越看越滿意。左圖中黑色皮包是韓幣十九萬八千(台幣約5350元)，黑鞋是韓幣十六萬八千(台幣約4540元)。

Maki

　　全韓有七家分店的Maki文具，非常受學生歡迎，推門走進小小的店裡，精緻的相框、馬克杯、信紙、玩偶等飾品堆得滿滿，卻讓人一樣都不忍錯過地小心翼翼拿起來仔細研究、細細品味，由於這兒的文具飾品全是美、加進口，價格稍高，不過它的誘惑力依然超強，就連我們的翻譯先生都忍不住買了一個可愛狗狗的馬克杯。最受歡迎的馬克杯和相框分別是韓幣二萬三千和二萬(台幣620和540元)。

ANZEN CHITAI安全地帶

　　美式風格的ANZEN CHITAI安全
地帶，絕對可以滿足韓國年輕人最流
行的Hip-hop瘋，去年才開幕的安全地
帶生意極好，店長說，位在梨泰院的
本店貨色雖多，但以男性為主，而梨
大分店的最大特色是女裝比較多。左
圖中這件我超愛的黃色蕾絲背心是韓幣一萬九千
(台幣約513元)，褲子是二萬八千(台幣約756
元)，而美國進口的Hip-hop寬垮男裝價格較高，
一套要韓幣十七萬(台幣約4594元)。

TANDY

　　TANDY鞋是韓國很受歡
迎的自製品牌，全韓有四十多家分店，女
鞋的樣式又多又新穎，令人有不停試

穿的慾望。
大體說來，
TANDY的女鞋風格比較
成熟，由於今年流行閃亮鞋款，不少
鞋子都用亮片設計得很有創意，連鞋
後跟都有珠珠亮片。店長表示，
TANDY最特別的一點是——可接受觀
光客的訂作，再配送到國外，這項服
務特別受到日本人的肯定。女鞋平均

價位十五萬五千至二十八萬五千韓幣(台幣約4190至7700元)，第112頁圖中的閃亮高跟鞋定價二十三萬五千韓幣(台幣約6350元)。

下午茶好去處

Migo

聽梨大的女生形容，吃Migo的麵包「感動得想要流淚」，究竟是什麼口味的麵包有這種神奇魔力？置身小巷內的Migo咖啡廳，以美味的手工法國麵包聞名，雖然只是在原味的雞蛋麵包上撒胡椒鹽，卻因為有「勁道十足的香酥口感」，讓女學生一逮著課餘時間，就要跑來這裡小聚，以解嘴饞。

根據了解，Migo咖啡廳因為生意太好，客人常常沒位子坐，因此在不遠處的新村地鐵站後方又開了一家分店，由於那家是露天咖啡座的設計，生意更好。

水果冰淇淋

以草莓形狀為門的冰品店「水果冰淇淋」，因為視覺效果特別而成為明顯的逛街地標，不少女孩子先

是一面叫著「卡娃伊」一面拍照，後來就被各種美麗的水果冰模型吸引到B1吃吃喝喝去了，而下去之後還有驚喜發現呢——因為餐桌是香蕉形狀的，真是「夠了！」。店裡的水果船四千二百韓幣(約台幣113元)，水果聖代四千五百韓幣(約台幣121元)，冰品一個個比美又比大喔！

Green House

看到Green House玻璃櫥櫃裡的各式蛋糕，肯定你就無法離開這家店了，蛋糕上的水蜜桃鮮嫩欲滴、草莓大顆得像假的一樣……。另外泡芙加巧克力醬堆成的蛋糕，散發著濃濃的奶油香……。如此這般誘惑，任誰都會忍不住停下腳步，點杯咖啡，好好品嚐Green House恩賜的下午時光。而根據梨大女生的說法，Green House咖啡廳是大家最懷念的地方，因為「蛋糕好、咖啡好、地點好」，讓這裡成為大家相約見面的「標準定點」，具有地標意義。

DUNKIN DONUTS

在台灣要吃甜甜圈不難，但要吃到口味那麼多的甜甜圈可就不容易了，全球知名的甜甜圈「DUNKIN DONUTS」(中國大陸叫它「鄧肯圈餅」，有趣吧！)在韓國也是紅得發紫，只要是鬧區都看得見，尤其韓國的DUNKIN DONUTS還找來人氣旺旺的小帥哥李炳憲當代言人，身為他的FANS更要捧場。不過我聽過一個說法也十分

好玩，那就是DUNKIN DONUTS真正的
代言人是警察，因為在好萊塢電影中，
美國警察總是左手一杯咖啡，右手拿著甜甜
圈，碰到緊急事件時，將這些都扔到垃圾筒，要不就是
放在車頂上沒拿下來，然後出任務去……哈！

芭比娃娃咖啡廳

原本以為這家「經典芭比
娃娃收藏店」只是個小的博物
館，沒想到一進去之後，發現
它還是個小咖啡廳，真是樂歪
不少芭比迷，可以在這「喝咖
啡，聊芭比」了。

老闆鄭小姐是標準的芭比
痴，自從高二收到芭比娃娃生
日禮物之後，她便一發不可收
拾地狂購芭比，她指著一個頭
髮梳高穿著粉紅色蓬蓬裙的芭
比說，這個芭比得來不易，在
美國買下後，坐飛機回韓時竟
然不見，她只好再訂一個一模

一樣的來化解傷痛。如今店裡展示的二百五十個芭比都是她的
寶貝，這個錢她花得一點都不心疼，因為她之後的女兒、孫女
……一代代都能擁有。店中供應咖啡三千至四千韓幣(台幣約80
至108元)、簡餐四千五百至五千韓幣(台幣約120至135元)，此外
芭比用品也有販售。

咖啡館小區

在新村火車站旁，有多家情調咖啡廳緊緊相連，我稱之為「咖啡館小區」，像義大利風格的「PotiOli」、口味

眾多的「玫瑰咖啡」、有調酒有咖啡的「紅唇」、「White Cat」、「Soo-Jin」以及有定食的咖啡PUB，每一家店都別有風格，這一帶的藝術氣息，正是吸引火花劇組前來取景的原因，也讓梨大附近冠上「火花拍攝咖啡街」的新頭銜。

關於梨花女子大學

創立於西元1886年的梨花女子大學，是韓國第一的名門女子大學，「梨花」是皇后閔妃所賜的名字，有成為優秀人才的意思，是韓國公認的「官夫人學校」。

若以成績排名，韓國「漢城大學」排名第一，「延世大學」與「高麗大學」並列第二，梨大排名第三，不過許多女生仍會以進入梨大為最大目標，因為進去之後聯誼特別多(尤其是和地緣最近的延世大學)，而出來之後更是達官顯要、豪門大戶獵取成為媳婦的目標，甚至梨大學生剛畢業，「職業媒婆」就會看著畢業紀念冊打電話，主動介紹醫生、律師等功成名就人士來安排相親。

當然梨大女生的愛漂亮、愛打扮也是出了名的，據說大——開學，全班女生有一半的眼睛都是腫的，因為——都去割雙眼皮了啦！

阿峴洞婚紗街

地鐵 2 號線

KFC ●

TANDY鞋 ●

● Chelsea Blue皮件店

安全地帶
(ANZEN CHITAI) ●

● Anna & Paul飾品

PAPAYA   J.R.

● Bodyguard內衣

Maki 文具禮品

水果冰淇淋   bz飾品

● old & new服飾

Migo 蛋糕

Starbucks ●   ● Green   kkang ●   ● JAMESDEAN
House   內衣
蛋糕   Tangle ●

ESTTEL金飾
Oro金飾

Mini gold 金飾

VooDoo

Rome & Jul

梨花女子
大學

Dunkin
Dounts甜甜圈

KFC

31冰淇淋

芭比娃娃咖啡館

咖啡館小區

新村火車站

東大門

位置：漢城市中區乙支路七街、鐘路
　　　區鐘路五、六街一帶
交通：地鐵一、四號線「東大門站」
　　　或二、四、五號線「東大門運
　　　動場站」
營業時間：上午十點半到凌晨五點
　　　　　(不夜城)

Doota。

Migliore Vallery、Designer Club
和Nuzzon。

Migliore。

Freya Town。

東大門雖然集合了八個市場，範圍涵蓋幾十條街，不過真要找流行貨色及新穎賣場，其實只要鎖定「東大門運動場」左右兩邊各三家的大型百貨賣場即可，左邊的「鐵三角」分別是Doota、Migliore和Freya Town，右邊的「三劍客」則是Nuzzon、Designer Club和Migliore Vallery，即使我已將逛街區域縮小，但還是一天一夜逛不完的，因為它們每家都超級大、大、大呀！

記得在我的上一本書《跟著偶像Fun韓假》裡已告訴大家，東大門的貨雖然便宜，但買東西一定要用「韓幣現金」，店家是不接受美金和刷卡的；而且在東大門買衣服有個小缺點，就是無法試穿……結果，這次再逛竟然發現這兩個禁忌都「可談」，可見競爭多激烈啊！不過還是建議大家先記原則，因為或許不是每家店都會通融喔！

東大門是髮飾天堂。

髮飾首飾來這挑就對了

以逛Doota為例，上了五樓你會發現這個世界真是太繽紛太閃亮了，因為一家接一家美麗耀眼的首飾髮飾、環珮叮噹全都擠在你眼前，教人不撲

韓國女生最喜歡在頭上戴這些閃亮亮的髮飾。

上去把玩試戴也難。（只是挑久了真的會眼花撩亂、辨色困難，所以訣竅是：不要考慮太久！）

高麗妹們是很擅於「頂上功夫」的，她們很喜歡利用髮圈、髮夾、髮簪、髮箍等等，把頭上弄得閃亮亮，而且坐地鐵的時候，韓國女生還會互相看對方的髮飾，以判斷彼此的品味。一般說來，高麗妹們使用的髮圈或髮帶都喜歡很寬很大，髮夾也是越閃亮越好，辮子和髮髻要梳得很高，再把掉下來或梳不上去的頭髮用髮夾夾住，所以有時一個頭上就會有好幾個髮飾，在我們看來好像是賣髮夾的，裝飾得過於繁複，但在她們眼裡是很平常的一種重視外觀的表現，雖然有時我看她們頭髮任意亂紮，有點像我們準備洗澡時綁的樣子，但她們又化著濃妝穿得時髦，看起來就是很有型，這種不同的審美觀其實也挺值得學習。

在東大門買髮飾除了選擇性多之外，價格較便宜還可殺價也是

項鍊、耳環、手環樣式繁多美不勝收，令人眼花撩亂挑到手軟。

一大重要原因，其實台灣許多批發店和路邊攤的髮飾都是從韓國帶的，所以身處「原產地」購買，價格當然是比較划算囉！像台灣現在頗流行的黑色金剛鑽飾品，一般說來價格都不便宜，小小的黑色金剛鑽鯊魚夾路邊攤也要台幣800至900元，百貨公司更要價上千，但在韓國大概以台幣500至600就可以買到(這也要看各人殺價功力)，不過東大門也有不少非常精緻的髮飾價格貴得驚人，詢問之下原來是法國進口的，但質感真的有些差異，就看你如何選擇了。

黑色金剛鑽
加土耳其石
鯊魚夾。

相信大家在小逛之後，已能綜合整理出現在最新流行哪些顏色和款式，像今年受到波希米亞風的影響，「土耳其藍石」非常受歡迎，不管是髮飾還是項

戴出波希米亞風
的土耳其藍首飾
今年最風光。

鍊、手環、耳環等首飾都大量運用，而神秘的印度風飾品也比以往曝光得多；此外，義大利「黃金、白金、玫瑰金」三色合一的首飾也越來越多，而且有各種變化；寬版手環、寬版戒指和大墜飾的長項鍊……證明「數大便是美」；走維多利亞繁複華麗風格的「黑色金剛鑽」飾品也是大

「冬季戀歌」裡
的北極星項鍊。

熱門，配上「畫龍點睛」的黑珍珠、黑瑪瑙、黑膽石或
黑榴石更加出色。

　　當然，為「2002年世界盃足球賽」瘋狂的韓國，
也很自然地把足球當成流行圖案，以此做成的項鍊
和耳環都有不錯的銷售量。另外「冬季戀歌」捧紅的
北極星項鍊，也是FANS熱切購買的樣式。

亮片牛仔褲巫婆鞋韓味十足

特殊效果處理的牛仔
褲。

　　韓國歌手金賢政在台灣金鐘獎上載
歌載舞的亮片牛仔裝令人眼睛一亮，事
實上，添加不少手工裝飾的牛仔裝在韓
國是非常普遍且受歡迎的。東大門各大
賣場的服裝樓層有不少牛仔服飾店，牛
仔褲或染色、或刷白、或磨破、或補
釘、或
花紋、
或綴上
珠珠亮片和羽毛，變化實在有
夠多，如此出色的牛仔褲，配
上一件再簡單不過的小背心或
白襯衫，就是時髦。一般來
說，亮片牛仔褲的價格為韓幣
二萬七到三萬（台幣約730至
810元）。

　　當然大家都知道牛仔褲的長
短、寬窄、腰身及褲腳等形式年

塗鴉亮片牛仔褲
穿出率性嬉皮
味。

東大門可以買到不
少便宜而有手工創
意的褲子。

今年最流行八分漁夫褲加腰鍊。

年有所不同，我們訪問了一位在Doota、Migliore和Freya Town都有設牛仔服飾專櫃的美艷老闆娘，今年穿什麼樣的牛仔褲最IN呢？她指著MODEL身上的八分漁夫褲說，這個兼具休閒、帥氣和現代感的形式，最受年輕人歡迎，尤其再配上今年特別紅的多層珠珠腰鍊，每個人都可以穿出服裝雜誌中模特兒的流行感，再經過朴志胤等多位歌手的穿著帶動，各色漁夫褲的買氣都很好。八分漁夫褲價位是韓幣一萬八到二萬三，台幣約490至620元。

　　如果大家仔細看韓劇中的年輕女孩穿著，相信還會發現韓國女生也很喜歡穿牛仔吊帶褲或吊帶裙，然後綁著高高的「史艷文頭」，看起來真是活力十足呢！至於價格方面，吊帶裙韓幣三萬二左右，台幣約865元。

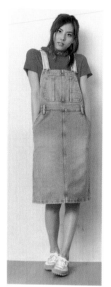
韓國女生很喜歡穿吊帶牛仔裙(圖為朴志胤)。

一雙閃亮的尖頭鞋是今年的必備鞋款。

　　而台灣去年開始竄起，今年正式登上檯面的超級尖頭巫婆鞋，便是從韓國流行過來。在東大門的女鞋樓層，看到琳瑯滿目、美不勝收、一雙雙精緻高貴的巫婆鞋時，絕對會抱定決心，就算腳再痛、路再難走，也一定要給它穿下去(呼！我好像灰姑娘的姊姊)。當然東大門不只滿足你發掘美麗巫婆鞋的渴望，還有各類鞋款選擇多多(奇怪的是攤位密密麻麻，但重複性並不算高，特好逛！)此外，我也很喜歡日本流行雜誌中最好搭配衣服的各式彩色運動鞋，

艷麗的紅色巫婆鞋很有女人味。

彩色運動鞋不但穿出年輕，而且褲子裙子都好搭配。

這些鞋子不但美觀舒適而且價格合理，它們的價格在韓幣二萬到二萬五之間，台幣約540至675元)。

訂做一件美美韓服

女生穿上韓服顯得特別溫柔。

如果看過韓國最近收視超高的古裝連續劇「明成皇后」和「女人天下」，你一定會對韓國高貴典雅的傳統服裝更感興趣，其實在韓國現代劇當中，拍到婚禮戲或正式場合，我們也都會看到韓服的出現，因為韓國是很重視傳統及文化保存的國家，因此穿韓服亮相的機會還是不少，女性至少都要具備一套。

韓國女生的傳統服裝雖然都是高腰式大肚裝，但仔細觀察，在領口、袖子及上衣的長短度上，還是有不少變化。其實這和中國的古裝會隨著朝代不同稍作改變道理一樣，不過大致說來袖口寬闊而華麗的是宮中或舞伶的穿著，而窄袖則是平民女子或是近代為求活動方便的改良式。顏色方面，古代強調用「正色」才代表純潔，不過現在則顏色變化多端，漸層色、亮色、小花紋布都有，不過除非是為了表演活動，大家才會穿得像手工藝品店裡的「高麗娃娃」那樣色彩奪目、鮮豔華

喝喜酒常會穿韓服，且新娘多穿紅綠配。

老闆親自示範韓服單結的打法。

美麗的韓服教人看得目不轉睛。

麗，否則一般韓國女生還是多挑選淡雅的顏色；而新娘還是以穿紅配綠、綠配紅爲主，以示喜氣。

說到韓服的價位，高低懸殊極大，當然這絕對跟服裝材質和正式程度有關。若是一套四件式上等絲質韓服(包括襯裙)，定價高達韓幣三十八萬(台幣約10270元)，令人咋舌。不過觀光客若只是想買來穿穿過過乾癮，大可以選簡單的兩件式，價格大概台幣2000至3000左右。

帳棚攤子和Doota美食

到東大門必吃帳棚攤子，就像到士林必吃夜市小吃一樣，都是能以超低價格品嚐到極佳美味的方法，圍繞在東大門運動場四周的帳棚攤子，種類眾多，是名符其實的小吃天堂。

韓劇中常常提到的辣年糕和豬米腸，具有嚼感和特殊酸辣滋味，一盤韓幣兩千(台幣約54元)，是韓國最

辣年糕。

東大門的小吃令人垂涎三尺。

韓式壽司。

帳棚攤子越晚生意越好。

有代表性的民間美食；加了章魚角、韭菜和大蔥的海鮮煎餅，有「韓國PIZZA」之稱，一塊約韓幣五千(台幣約135元)；而「韓國壽司」紫荣捲，因為海苔以麻油調味烘烤別具風味，韓幣兩千(台幣約54元)；裏著薯塊粉的超級大熱狗吃起來相當過癮，一支韓幣一千(台幣約27元)；此外我要大力推薦幾樣「中西合併」的食物，像韓幣一千五百(台幣約40元)的土司夾蛋、東方墨西哥餅和韓式牛肉漢堡等，口味令人驚喜！

　　不過根據我個人的逛街經驗，在浩大的Doota中逛到雙腿發麻，根本沒有力氣再走到隔條馬路的帳棚攤子附近，也是極有可能的事，這時候就讓Doota九樓的美味快餐廳來救救你吧！這裡不但中西式美食都有，而且色彩奇幻繽紛、如同「愛麗絲夢遊奇境」般的餐廳裝潢設計，更讓人會放鬆心情食慾大增，捨不得離開。

Doota九樓餐廳好像愛麗絲夢遊奇境。

　　最後有件非常非常重要的事要提醒大家，就是Doota的營業時間是周二到周六早上10：30到凌晨5：00，而周日晚上11：00到周一下午5：00是它們的公休，另外Migliore也是休周一，所以千萬要記得不要選周一白天去逛喔，那可是會白跑一趟的，我本身就嘗到一次教訓，所以希望大家特別注意。

地鐵 1 號線

東大門運動站

清溪高架道路

● Migliore Vallery

帳棚攤子

Doots Town
斗山塔

● Freya Town

興仁門路

Migliore ●

東大門運動場
（足球）

● Designer Club

地鐵 4 號線

（棒球）

● Nuzzon

2002 FEVER PARK

地鐵 2 號線

東大門運動站

我最愛的韓國流行小物

賤兔

　　你相信嗎？全球發燒的賤兔，原本是被韓國兒童節目淘汰的卡通人物，二十三歲的Kim Jee-In和Jang Mi-Yeong，在九九年為一個兒童教育節目設計出了Mashi Maro(瑪西瑪露，賤兔的本名)，但它下垂的雙眼和短手短腳被認為小孩不會喜歡，所以不錄用，不過作者念頭一轉，將賤兔做成動畫卡通，居然從二○○○年之後，掀起網路賤兔狂潮，而二○○一年，幾百種的賤兔週邊商品也大賣，人氣銳不可擋。

　　Mashi Maro令人又愛又恨的特質是它的「賤招」特別多，不但以戲弄森林裡的豬警官、大小猴、Mero羊和Noonoo狗為樂，還能從背後拿出許多可笑的道具，像馬桶、馬桶刷、酒瓶等等，再加上常常使用屁股當武器，讓人看著它憨厚的臉忍不住搖頭嘆息，真是「兔」不可貌相。

　　可愛的賤兔為韓國創造了一個傳奇，當紅時不但每天都有將近四萬的瀏覽人數，也讓韓國在海外賺了兩千六百億「賤兔財」，而這次我在「世足熱」時前往韓國，發現賤兔也有了最「火」的踢足球造型，當然要買來作紀念囉！

炸醬麵小倆口

　　被暱稱為「炸醬麵小倆口」的Pucca和Garu，是因為嗜吃韓國黑麵條而得此封號，造型討喜的Pucca和Garu是藉由「兩小無猜」和「冤家路窄」等喜劇劇情，讓網友深深愛上他們，如今已經成為韓國NO.1的人氣小玩偶了！

　　梳著雙髻的Pucca，是出生在中國餐館的甜姐兒，擅用筷子當武器；而紮著兩支衝天辮的Garu則是一名正在修練的忍者，擁有一身好武藝，而他雄雄的男子氣概也讓Pucca著迷得不得了，因此「偷親」Garu便是Pucca最常做的事，管它在什麼舞台上或大庭廣眾之下，都要親到Garu臉紅倒地為止！不過只要Pucca情緒一不對，拿手絕活就出現了，那就是開始毒打她男友，可憐的Garu雖然功夫了得，但基於「好男不跟女鬥」，也只有被打得鼻涕眼淚直流了。

　　因為非常欣賞他們這樣打打鬧鬧的互動模式(好像有點變態)，所以我買的炸醬麵小倆口娃娃都是Pucca把Garu打得涕泗縱橫的，哈！說起來Pucca的行為還真像韓國當紅電影「我的野蠻女友」裡的全智賢呢！

MYOO

　　穿著紅靴、戴著紅圍巾的MYOO，因為看起來就非善類，被我暱稱為「邪惡貓」或「九命怪貓」，不過為了符合原著，這隻大眼貓還是用本名MYOO比較好，因為據說名字中的OO，指的就是它那炯炯有神、跟臉一樣大的雙眼。

　　MYOO是開太空船來到地球的貓咪，跟它一起演出太空之旅的還有十五、六個好朋友，雖然故事奇幻有趣，但或許人物個性不夠賤、長得也不夠醜，所以在網路上就沒有那麼紅，相對的周邊商品也就沒有出太多啦！只是MYOO剛好有一黑一白兩種顏色，還蠻適合情侶各執一隻，彼此用邪惡的眼神、縮小的瞳孔看著對方，頗為無聊當有趣(哇，好冷！)。

草莓妹

　　其實是醜娃一個的草莓妹(DALKI)，一頭紅色香菇頭，配上一雙蝌蚪小眼，卻教人愈看愈喜歡，都是因為它的商品做得太可愛了啦，尤其是多采多姿的顏色最吸引我。

　　一開始是皮夾，以紅色、粉紅色、橘紅色或藍色為底色的皮夾，配上或大或小的草莓妹標誌，可愛又有個性，讓我忍不住想買。接下來，開始認識草莓妹的朋友和家人，包括西瓜哥(SUBAK)、檸檬妹(LEMON)、香蕉弟(BANANA)、栗子弟(DDOL)和米田共(DDONG)，他們分別被做成鏡子、毛巾、面紙套、拖鞋、時鐘、文具用品等等，趣味又有型。而我最近買的則是草莓妹的化妝小包，紅瓦小屋造型加上半透明的設計，真是創意十足！

名店大搜索

一百句簡單韓文加油站

　　因為看韓劇「藍色生死戀」，最早學會的韓文應該是「歐巴」(哥哥的意思)，因為這是楚楚可憐的恩熙最常掛在嘴邊的話，難怪宋承憲來台灣時，現一片「歐巴」之聲。不過女生到韓國瞎拼，最需要講的應該是「披薩！披薩(太貴了！太貴了！的意思)，這是最簡單的殺價用語，一定要學起來喔！外，男生要學的應該是「一包藥」(美麗的意思)，這樣遇到漂亮的高麗辣妹可以拿出來秀一秀了！

　　想要再多了解一些韓國日常生活用語嗎？「基本數字」和「一百句簡單文」讓你現學現會。

十個基本用語

韓　語	發　音	意　思
안녕하십니까 안녕하세요	Annyeonghasimikka. (formal) Annyeonghaseyo. (less formal)	你好
안녕히 가세요	Annyeonghigaseyo.	再見（告別時）
안녕히 계세요.	Annyeonghigyeseyo.	再見
만나서 반갑습니다.	Mannaseobangapseumnida.	見到您很高興
예 / 네	Ye./Ne.	是
아니요	Aniyo.	不是
감사합니다.	Gamsahamnida.	謝謝
괜찮습니다.	Gwaenchanseumnida.	沒關系
실례합니다.	Sillyehamnida.	勞駕
부탁합니다.	Butakhamnida.	請
미안합니다.	Mianhamnida.	對不起

二十個交通相關語

語	發音	意思
버스정류장	BeoseuJeongnyujang	公車站
버스	Beoseu	公共汽車
버스카드	Beoseukadeu	公車卡
지하철역	Jihacheolyeok	地鐵站
택시	Taeksi	計程車
시외버스터미널	Sioebeoseuteomineol	長途汽車站
고속버스터미널	Gosokbeoseuteomineol	長途高速汽車站
기차역	Gichayeok	火車站
기차	Gicha	火車
공항	Gonghang	機場
공항버스	Gonghangbeosu	機場巴士
시각표	Sigakpyo	時刻表
편도	Pyeondo	單程
왕복	Wangbok	往返
환불	Hwanbul	退票
정액권	Jeongaekgwon	定額票
보관함	Bogwanham	保管箱
분실물 보관센터	Bunsilmulbogwansaenta	失物保管處
출입국관리소	Chulibgukgwaliso	出入境管理處
여권	Yeogwon	護照

十個簡單會話

韓　語	發　音	意　思
화장실은 어디 있습니까?	Hwajangsileuneodiitseumnikka?	洗手間在哪兒？
이것은 무엇입니까?	Igeoseunmueosimnikka?	這是什麼？
더 큰 사이즈 있습니까?	Deokeunsaijeuitseumnikka?	有沒有尺寸大一點的？
더 작은 사이즈 있습니까?	Deojageunsaijeuitseumnikka?	有沒有尺寸小一點的？
여기 전화번호 좀 가르쳐 주세요.	Yeogijeonhwabeonhojom - gareuchyeojuseyo.	請告訴我這裡的電話號碼
잔돈으로 바꿔 주세요.	Jandoneurobakgwojuseyo?	請給我換成零錢
얼마예요?	Eolmayeyo?	多少錢？
너무 비싸요.	Neomubissayo.	太貴了
좀 싸게 해주세요.	Jomssagehaejuseyo.	能不能便宜點？
카드를 쓸 수 있습니까?	Kadeurulsseulsuissumnikka?	能使用信用卡嗎？

語	發　音	意　思
호텔	Hotel	飯店
여관	Yeogwan	旅館
여인숙	Yeoinsuk	招待所
민박	Minbak	民房
싱글룸	Single room	單人房
더블룸	Double room	雙人房
욕실 없는 방	Yoksileomnunbang	沒有浴室的客房
욕실 있는 방	Yoksilinneunbang	有浴室的客房
목욕탕	Mokyoktang	澡堂
수건	Sugeon	毛巾

二十個吃的相關詞

韓　語	發　音	意　思
식당	Sikdang	餐廳
채식주의 입니다.	Chaesikjuwiimnida.	我是素食主義者
맵게 해주세요.	Maepgehaejuseyo.	我想吃辣的
매운 음식은 먹지 못합니다	Maeuneumsikeunmeokjimotamnida.	我不能吃辣的
메뉴를 보여주세요.	Menureulboyeojuseyo.	請給我菜單
계산서 주세요.	Gyesanseojuseyo.	請結帳
면/국수	Myeon/Guksu	麵條
밥	Bap	飯
소고기	Sogogi	牛肉
닭고기	Dakgogi	雞肉
양고기	Yanggogi	羊肉
돼지고기	Dwaejigogi	豬肉
김	Gim	紫菜
마늘	Maneul	大蒜
고추	Gochu	辣椒
후추	Huchu	胡椒粉
케첩	Ketchup	番茄醬
겨자	Gyeoja	芥末
소금	Sogeum	鹽
설탕	Seoltang	糖

韓　語	發　音	意　思
더운물	Deounmul	熱水
찬물	Chanmul	涼水
생수/광천수	Saengsu/Gwangcheonsu	礦泉水
차	Cha	茶
보리차	Boricha	麥茶
홍차	Hongcha	紅茶
오미자차	Omijacha	五味子茶
생강차	Sanggangcha	生薑茶
인삼차	Insamcha	人參茶
녹차	Nokcha	綠茶
커피	Coffee	咖啡
주스	Juice	果汁
오렌지주스	Orange juice	橙汁
우유	Uyu	牛奶
코카콜라	Coca-Cola	可口可樂
맥주	Maekju	啤酒
포도주	Podoju	葡萄酒
막걸리	Makgeolli	米酒
소주	Soju	燒酒
인삼주	Insamju	人參酒

十個知名韓式料理

韓 語	發 音	意 思
불고기	Bulgogi	烤牛肉
비빔밥	Bibimbap	拌飯
돌솥비빔밥	Dolsotbibimbap	石頭鍋拌飯
물냉면	Mulnaengmyeon	冷麵
삼계탕	Samgyetang	參雞湯
미역국	Miyeokguk	海帶湯
김치	Kimchi	泡菜
파전	Pajeon	煎蔥餅
떡볶이	Ttokbokki	甜不辣年糕
한정식	Hanjeongsik	韓定食

基本數字說法

영/공	Yeong/Gong	0
일/하나	Il/Hana	1
이/둘	I/Dul	2
삼/셋	Sam/Set	3
사/넷	Sa/Net	4
오/다섯	O/Daseot	5
육/여섯	Yuk/Yeoseot	6

單語	發音	意思
칠/일곱	Chil/Ilgop	7
팔/여덟	Pal/Yeodeol	8
구/아홉	Gu/Ahop	9
십/열	Sip/Yeol	10
십일	Sibil/Yeolhana	11
이십	Isip/Seumul	20
삼십	Samsip/Seoreun	30
사십	Sasip/Maheun	40
사십팔	Sasippal/Maheunnet	48
오십	Osip/Swin	50
백	Baek	100
이백	Ibaek	200
삼백	Sambaek	300
팔백사십육	Palbaegsasipyuk	846
천	Cheon	1000
이천	Icheon	2000
오천칠백이십구	Ocheonchilbaekisipgu	5729
만	Man	10000

附 錄

遊韓注意事項

衣著

冬季前往韓國旅遊或滑雪者，絕對知道要帶厚的大衣或雪衣，不過春（3～5月）、秋（9～11月）兩季欲前往韓國遊玩、賞楓的人，也要記得帶一件厚外套，因為這時韓國早晚的天氣還是很涼，中午才會溫暖。

此外，由於韓國室內通常都會開暖氣，因此大外套裡的衣服不要穿太厚，以免進了暖氣房又嫌太熱。

漢城一年平均溫度如下：

1月	2月	3月	4月	5月	6月
-3.5	-1.1	4.1	11.4	17.1	21.1

7月	8月	9月	10月	11月	12月
24.5	25.3	20.5	13.9	6.6	-0.6

貨幣與匯兌

韓幣的基本單位為W（WON），總幣分為10、20、50、100、500元五種硬幣以及1000、5000、10000元三種紙幣。(通常10元已無用途，50元打電話最方便，而500元差不多是一瓶礦泉水的價格)

台幣與韓幣的匯率目前約為1比33，不過台灣各銀行都無法直接兌換，只有中正國際機場內有一家兌換窗口可換，不過匯率不太划算，因此建議需要兌換韓幣者，記得一定要在台灣先換好美金，再到韓國的機場內銀行換成韓幣，此外，觀光飯店內櫃台或市區的銀行也可兌換，如果是跟團者通常是向導遊換錢。

簽證

遊韓最方便的就是簽證問題，如果只是停留15天內的短期觀光，便無須辦理簽證，只要持可證明15天內離開韓國的機票即可。

時差

韓國時間比台灣快一小時。

打電話

首先要強調的是，台灣的手機帶到韓國，因頻率不通是無法使用的。

韓國的公用電話分藍色、銀色和卡式電話三種。其中藍色是投幣式，銀色可投幣也可使用IC卡，而卡式電話的卡又是另一種，這兩種電話卡都可在機場商店、飯店及市內便利商店購買，有2000、3000、5000、

10000元四種價格，打國際電話只能使用銀色和卡式電話。

以從韓國打電話回台北為例，只要直撥001-886-2（台灣國碼）加2XXX-XXXX（不用撥區碼前面的0），撥打手機則是001-886-2後，加去掉前面0的九位數手機號碼。

市內電話部分，3分鐘以內一通為40元韓幣，可接受10、50、100元硬幣。而市外長途電話，需使用長途電話專用的銀色電話，可投入硬幣或使用IC電話卡。

若要從台灣打到漢城，打法是012-82-2XXXX-XXXX

台韓國際線班機

從台灣往韓國的班機，目前只有國泰(CX)、泰國(TG)兩家航空公司，航程時間都是2小時20分鐘。

國泰航空每天來回各一航班，台北→漢城固定班機起飛時間為17：10，漢城→台北為09：35(為晚去早回方式)。 國泰航空公司電話為台北：（02）2715-2333，韓國：（032）744-6777。

泰國航空除了天天都有來回班機之外，星期三、五及四、六還分別再加開去、回各一班，選擇較多。

每天為台北→漢城12：50，漢城→台北17：30(為午去晚回方式)；星期三、五為台北→漢城15：20；星期四、六為漢城→台北09：00。

泰國航空公司電話為台北：（02）2715-4622，韓國：（02）2307-0011。

台北→漢城

航空公司	班機標號	航班(星期)	起飛時間	抵達時間
泰國航空	TG634	一～日	12：50	16：15
	TG638	三、五	15：20	18：45
國泰航空	CX420	一～日	17：10	20：40

漢城→台北

航空公司	班機標號	航班(星期)	起飛時間	抵達時間
泰國航空	TG639	四、六	09：00	10：30
	TG635	一～日	17：30	19：00
國泰航空	CX421	一～日	19：35	23：10

附　錄

出入境手續

出示護照、回國機票、入境卡予檢查員，說明入境目的及停留時間。卡片分為入境、離境兩聯，後者需保留至離境時提出，不可遺失。之後至一樓領取行李，再至海關提交申報單。

離境時至少要提前一小時到達機場理登機手續並購買機場稅。辦好後提交離境卡並通過海關檢驗便可登機出境。

仁川機場之機場稅為一萬五千韓元（離境繳交），金浦機場為九千韓元。

機場到市區的交通工具

從仁川機場前往市區的交通工具有計程車、KAL大巴、機場巴士、地鐵等等。

計程車

到市區車程約四十分鐘，車費大約二萬元韓幣。(韓國計程車的收費行情跟台灣差不多)

KAL大巴

票價為六千到一萬元韓幣不等，依遠近距離收費不同，每二十至三十分鐘發車，到市區約四十至五十分鐘，各線路以通往各大飯店為主，所以如果你是要先前往飯店放行李，乘坐KAL大巴士花費較經濟，是最佳選擇。

仁川國際機場到漢城的大巴路線如下：

路線	停留地	機場車位號碼	運行間隔(分)	首班車 市內	首班車 機場	末班車 市內	末班車 機場	所需時間(分)	車費(韓元)
梨泰院	首都飯店－皇冠飯店－哈密頓飯店－梨泰院飯店－西冰庫－新東亞公寓－二村地鐵站－大韓生命63大廈－汝矣島地鐵站－仁川機場	5A，10B	12-18	04:15	05:40	21:00	22:55	70	6000-1000

線	停留地	機場車位號碼	運行間隔(分)	首班車 市內	首班車 機場	末班車 市內	末班車 機場	所需時間(分)	車費(韓元)
戈忞元	仁川機場－金浦機場－韓國飯店－廣場飯店－樂天飯店－朝鮮飯店－大韓航樓	4A，10A	20	05:40	05:53	19:00	22:22	100	6000-10000
南仁	仁川機場－金浦機場－假日漢城飯店－漢城火車站－希爾頓飯店－海亞特飯店－飯店－新羅飯店－諾博特爾國賓江南	4A，10A	30	05:45	06:00	18:50	22:30	110	6000-10000
江南	仁川機場－金浦機場－宮殿飯店－里次卡爾頓－諾博特爾國賓江南－Coex洲際飯店－漢城新生飯店－Corand州際飯店－宮殿飯店－仁川飯店	4A，10A	30	05:30	06:10	18:00	22:25	120	6000-10000
蠶室	仁川機場－金浦機場－樂天飯店－東漢城長途巴士客運站－華克山莊飯店	4B，9B	20-30	05:40	05:38	19:20	22:18	120	6000
金浦機場	金浦機場－仁川機場	3A，11A	5-10	04:40	05:40	21:30	22:30	35	

附 錄

機場巴士

可搭乘600、601、602、605、606號巴士,前往市區和江南地區的各個觀光景點或百貨公司,票價為五千五百韓元起。

地鐵

搭乘地鐵5號線可以到達市區的轉乘站「永登浦區政廳」。

市內旅遊的交通工具

在漢城市內旅遊的交通工具,有巴士、長途客運、火車、計程車與地鐵等數種可供選擇。

巴士

分市內、市外巴士、高速巴士。市內巴士行駛於漢城市內,且只有韓文標示,票價則依路程遠近而不同。

市外巴士的路線相當密集,負責聯繫漢城近郊與小村鎮的交通,共有東漢城巴士總站、上鳳巴士總站(往春川、三陟)、南部巴士總站(往扶餘、俗離山)、西部巴士總站(往臨律閣、議政府)、新村巴士總站(往江華島)以及漢城火車站巴士總站(往仁川、富平),前往不同的地點,就要到不同的巴士總站搭車。

高速巴士只行駛於各大都市之間,在江南區的高速巴士總站與東漢城巴士總站,皆可搭乘往利川、釜山、大田、慶州、江陵、束草等地的速巴士。

長途客運

長途客運的路線表如下。

路　　線	運行時間	運行間隔(分)	所需時間	豪華票價(韓元)	普通票價(韓元)
漢城←→釜山	06:00～20:40	15	5時20分	25,500	17,100
漢城←→慶州	06:00～18:30	40	4時15分	21,700	14,600
漢城←→束草	06:00～23:30	15-20	3時10分	14,800	10,000
漢城←→江陵	06:30～23:30	30-60	4小時	18,900	12,800

火車

韓國列車的等級分為快車「新生活號」、快車「無窮花號」、普通車「統一號」三種。路線包括京釜線(漢城～釜山)、湖南線(漢城～木浦)兩大幹線與全羅線(漢城～麗水)、

附　錄

中央線（清涼里～廣州）、嶺東線（清涼里～江陵）等支線。

火車依目的地不同，其出發站也不一樣，車費依距離不等。大部分首班車的發車時間為早上六點至七點，末班車的到達間為晚上十二點之前。

計程車

韓國的計程車分為模範計程車（黑色）、一般計程車（白色），模範計程車的座位較寬敞，但是跳表的起價也比較高；而一般計程車的跳表起價為一萬六千韓元，夜間搭乘則會加價。

由於多數司機不太懂英文，所以最好能附上目的地的韓文名稱、地址或地圖，並且建議觀光客還是選擇搭乘黑色的模範計程車較好，除了比較安全之外，司機也較能聽得懂些英文

地鐵

到韓國各景點自助旅遊，當然是以乘坐地鐵最省錢也最方便，由凌晨五點半至午夜，每隔二至三分鐘就有一班地下電車。由於許多車站設於觀光名勝附近，因此利用以中文標記的觀光地圖，按圖索驥，即可正確無誤

的抵達目的地。

基本路程的車費，一區段為600韓元，二區段為700韓元，其他地點則依路程遠近定車費。買票時只須說明目的地的站名即可知曉，市中心地區幾乎是一區段。

至於車票購買方法，則可以利用車票售票口及自動售票機，用售票機買票要事先查清楚目的地票價，然後按區段按鈕，數字顯示為「０」時即可投幣。自動票機有硬幣專用及硬幣、紙幣兼用兩種。

小費

韓國是不習慣給小費的國家，所以不需額外付小費，連提拿行李也多半自己來。特別提醒，飯店是不提供牙膏牙刷的，這兩樣東西要自己帶。

旅遊諮詢

韓國觀光公社台北支社

地址：台北市信義區基隆路一段333
　　　號國際貿易大樓205室

電話：(02)2720-8281

網址：www.koreatour.org.tw/big5/index.html

e-mail：webmaster＠www.knto.or.kr

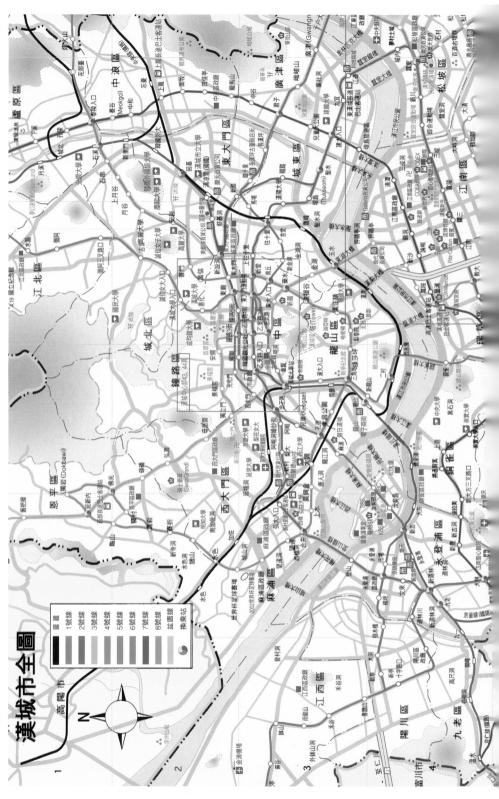

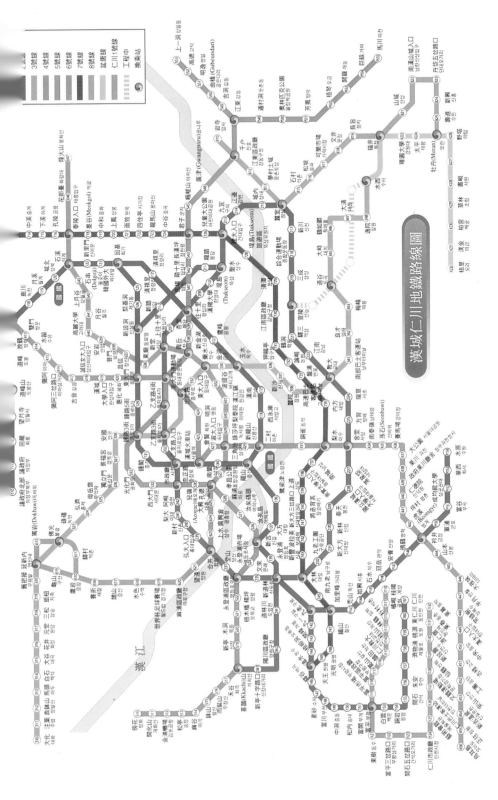

極樂韓國歷險記

　　為了縮減這次韓國採訪的住宿費用，我選擇了離採訪地點之一「東大門」地鐵距離三站的「清涼里」小旅館安營紮寨，沒想到一達此地，便見燈紅酒綠，再仔細一瞧，不遠處還有微光泛紅的窗櫺，裡面人兒個個妖嬈艷麗、打扮誘人，原來小姐我這次是住到了韓國的紅燈區附近，此地還有個響亮的稱號叫「清涼里588」呢！(詢問結果沒有人知道爲何要叫588，這已是專有名詞了)

　　既然天將降「極樂韓國」之大任於斯人也，我也就不便閃躲，決定鼓起勇氣叫翻譯先生開車載我們走進這人肉叢林瞧一瞧，天啊！只見一個個穿著火辣且都長得像「河莉秀」的高麗美眉全擠到窗櫺邊，嬌嗔地叫著：「歐巴…歐巴…」(哥哥的意思)，讓我雞皮疙瘩全部起立，而且因為巷子非常狹窄，暴露的女郎們幾乎等於是貼在我們車窗的兩邊，一時之間真有走進六福村野生動物園的感覺。

　　此刻的我只想拿起相機拍下這奇景，不過一旁兇神惡煞的保鏢可不是好惹的，眼見晚上眼線太多不便行事，我選擇了冷清的白天來拍照留念，雖然人去樓空，魔幻光景不在，畢竟還是要留下「來此一遊」的紀念，可沒想到一按下快門後，不知從哪蹦出的保鏢竟然追了出來，叫我交出相機，我與他追逐到路口剛好碰到警察，這老兄還向警察告狀說我偷拍，姑娘我只好裝無辜，作出「我不是韓國人，我什麼都不知道……」的傻觀光客狀，才在警察「護送」下逃過一劫，所以，請珍惜這張得來不易的「清涼里588一隅」，它可是我冒著生命危險生出來的呢！

　　至於這趟旅程中的另外一「險」，則是在路上遇到嘴裡一直念念有詞的瘋婦。為了自保，我和妹妹趕緊逃離她的視線，跑到附近的便利商店「避難」，順便採購「補給品」，沒想到喧囂叫罵聲漸漸由遠而

，那瘋婆子也進來了，我們三人在幾排貨架間玩起一陣「躲貓貓」之後，瘋婦便去拿了瓶酒，邊喝邊在收銀機旁繼續亂罵，而我也只好當她是像韓劇中受了極度委曲的怨婦，抱以同情的眼光。可是…就在我要結帳時，這瘋婦竟然凶性大發推了我一把，但，此時的我並不在乎自身安危，我只擔心我全身最寶貴的單眼相機被她破壞，因此拼命用肉身包住相機，當然，這死瘋婆子是立刻被店員嚇阻驅離，而我，則是驚覺自己原來如此勇敢且熱愛工作，哈哈，感動吧……

　　最後要提的一「險」，是在「明洞衣類」逛完準備付賬的時候，翻遍包包、摸遍口袋都找不到我的皮夾，這皮夾裡面大概有相當一萬塊台幣的韓鈔，煞那間，我臉上佈滿了八百條黑線，怎麼辦？我什麼時候被偷的？我什麼時候還拿著？我什麼時候付過錢？努力倒推回憶下，我走進買過唇蜜的W.M.化妝品店試圖詢問：「請問有沒有客人撿到一個綠色的皮夾？」忙碌的店員小姐一聽到這句話立刻露出「賓果」的表情，突然間全世界最可愛的綠皮夾就在一團光芒間出現我眼前，太溫暖了！

　　韓國是一個很誠實的國家，不少人都有錢包掉了失而復得的經驗，在這裡我也是見證人之一，這場「有驚無險」令我印象深刻，而所有旅途中的「冒險」，我也都會視它為一個難得的經驗、一個值得深思的教訓、一段有錢也買不到的記憶，都是無價之寶。

我住的「清涼里588」，位在韓國的紅燈區附近。

看《韓式愛美大作戰》

免費體驗韓劇浪漫之旅

抽 獎 活 動

愛美這廂有禮啦！！

想**免費**到韓國去逛街瞎拼嗎？

想夜夜擁著**裴勇俊**入眠嗎？

想與韓國時尚同步流行嗎？

只要寄回本書的讀者服務卡，這些美夢就可以成真！

還在遲疑什麼？再慢就來不及了！

特獎：經典韓劇景點浪漫五日遊（含免費來回機票、食宿）　**5**名

深情勇俊獎：裴勇俊代言 old&new 服裝目錄　**2**名

甜美慧喬獎：宋慧喬代言 clride 服裝明信片一套(36張)　**1**名

帥氣勇俊獎：裴勇俊迷人海報　**10**名

美艷素妍獎：勁爆銀白炫光粉　**9**名

純真允兒獎：美女必備迷人指甲油　**9**名

俏麗蔡琳獎：韓國進口流行耳環　**10**名

漂亮慧喬獎：宋慧喬明信片＋大都會文化精選暢銷書一本　**20**名

清新英愛獎：大都會文化精選暢銷書《女人百分百》一本　**50**名

參加辦法：

填妥本書 P.156 讀者服務卡，寄回大都會文化事業有限公司，就可參加抽獎。
影印及傳真無效。

收件截止日：

九十一年十月十一日，以郵戳為憑

抽獎時間：

第一次 九十一年八月三十一日
第二次 九十一年十月十五日

特別備註：

1. 中獎者，大都會文化事業有限公司會個別以專函通知。

2. 特獎中獎者可完全免費參加，但不包括15％中獎稅金、護照費、小費跟個人
   花費。其出團期限至九十一年十一月三十日止。中獎者請憑專函可直接和新
   奇旅行社聯絡出團事宜，且不得轉讓權利給他人使用，或者折讓現金。

3. 讀者填寫讀者服務卡時，請務必清楚詳細，如有寄達地址不清楚或者聯絡電
   話有誤，造成作業困難，則以棄權論。

特別感謝： ΣNF 新奇旅行社獎項贊助

草山文化

滌靜心靈盡在純然綠野的⋯⋯

已經厭倦在都市水泥叢林中忙碌了嗎！？

在這裡，我們提供一個可以讓你放鬆深呼吸的地方，

一個可以讓你洗滌心靈的純然綠野。

在草山，你可以擁有全紗帽山的最佳景觀；

你可以輕鬆泡湯做SPA；

與好友家人相約聽泉、沐湯、品茗、把酒言歡；

讓自己輕鬆徜徉於美麗山林之間

草山文化

地址：台北市天母行義路260巷1號

TEL：（02）2871-2881

FAX：（02）2871-2886

● 捷運淡水線石牌站下車轉三重客運508、首都客運535及536兩線皆可

● 公車至行義路（二）站下車即到

情定韓國 冬季戀歌

新奇 帶您體驗，到韓國才能擁有的樂趣

如果，第一次觸動你心弦的人突然離開人世……
如果，魂牽夢縈的初戀，十年後再度相逢……
宿命，往往一不注意就開始了它的腳步
猶如童話般的初戀，牽引你我心中最初的悸動
就讓我們一起走進『冬季戀歌』純白感情世界

「冬季戀歌」南怡島、浪漫春川明洞、龍平度假村、Gondola登山纜車
Dragon Peak咖啡廳、「藍色生死戀」的花津浦海灘

★如果你是旅遊一族，絕對不能錯過這些美麗風景：
世界排名第七大主題樂園——愛寶樂園、全世界最大的室內娛樂中心——
樂天世界、仁寺洞藝術街、雪嶽山國家自然公園

★如果你是購拼一族，絕對不能錯過這些流行聖地：
韓國最大百貨公司樂天百貨、批發大本營東大門、精緻流行時尚區狎鷗亭、
平價購物中心明洞

如果你是愛美一族，絕對不能錯過這些美容妙方：

海洋療法「海水三溫暖」、健康療法「人蔘桑拿」、
酸痛療法「麥飯石」、蒸汽療法「汗蒸幕」

強力推薦 經典韓劇浪漫全覽 5天

「冬季戀歌」「藍色生死戀」

這樣玩也很辣

韓國主題樂園、SPA悠閒5天
楓花雪嶽溫泉樂園5天
韓國飆雪、溫泉、雪嶽5天

韓式愛美大作戰

作者	黃依藍
發行人	林敬彬
主編	郭香君
助理編輯	蔡佳淇
美術編輯	周莉萍
封面設計	周莉萍
出版	大都會文化 行政院新聞局北市業字第89號
發行	大都會文化事業有限公司
	110台北市基隆路一段432號4樓之9
	讀者服務專線：（02）27235216
	讀者服務傳真：（02）27235220
	電子郵件信箱：metro@ms21.hinet.net
郵政劃撥	14050529 大都會文化事業有限公司
出版日期	2002年7月初版第1刷
定價	240 元
ISBN	957-30017-7-2
書號	Fashion-004

Printed in Taiwan

※本書如有缺頁、破損、裝訂錯誤，請寄回本公司更換※

版權所有 翻印必究

國家圖書館出版品預行編目資料

韓式愛美大作戰／黃依藍著
—— 初版 ——
臺北市：大都會文化發行
2002〔民91〕
面；　公分.—（流行瘋系列；4）
ISBN：957-30017-7-2
1.美容 2.韓國 - 描述與遊記
424　　　　　　　　　　　　　　91011150

北 區 郵 政 管 理 局
登記證北台字第9125號
免　貼　郵　票

大都會文化事業有限公司
讀者服務部收
110 台北市基隆路一段432號4樓之9

寄回這張服務卡(免貼郵票)
您可以：
◎不定期收到最新出版訊息
◎參加各項回饋優惠活動

大都會文化 讀者服務卡

書號：Fashion-004　韓式愛美大作戰

謝謝您選擇了這本書！期待您的支持與建議，讓我們能有更多聯繫與互動的機會。日後您將可不定期收到本公司的新書資訊及特惠活動訊息，若直接向本公司訂購書籍（含新書）將可享八折優惠。

A. 您在何時購得本書：＿＿＿＿年＿＿＿＿月＿＿＿日

B. 您在何處購得本書：＿＿＿＿＿＿＿書店，位於＿＿＿＿＿＿(市、縣)

C. 您從哪裡得知本書的消息：1.□書店 2.□報章雜誌 3.□電台活動 4.□網路資訊
5.□書籤宣傳品等 6.□親友介紹 7.□書評8.□其它＿＿＿＿＿＿＿＿＿＿＿＿＿

D. 您購買本書的動機：（可複選）1.□對主題或內容感興趣 2.□工作需要 3.□生活需要 4.□自我進修 5.□內容為流行熱門話題 6.□其他＿＿＿＿＿＿＿＿＿＿＿

E. 您最喜歡本書的：（可複選）1.□內容題材 2.□字體大小 3.□翻譯文筆 4.□封面
5.□編排方式 6.□其它＿＿＿＿＿

F. 您認為本書的封面：1.□非常出色 2.□普通 3.□毫不起眼 4.□其他＿＿＿＿＿＿＿

G. 您認為本書的編排：1.□非常出色 2.□普通 3.□毫不起眼 4.□其他＿＿＿＿＿＿＿

H. 您通常以哪些方式購書：(可複選)1.□書展 2.□逛書店 3.□劃撥郵購 4.□團體訂購
5.□網路購書 6.□其他＿＿＿＿＿

I. 您希望我們出版哪類書籍：（可複選）1.□旅遊 2.□流行文化 3.□生活休閒
4.□美容保養 5.□散文小品 6.□科學新知 7.□藝術音樂 8.□致富理財 9.□工商企管
10.□科幻推理 11.□史哲類 12.□勵志傳記 13.□電影小說 14.□語言學習（＿＿語）
15.□幽默諧趣 16.□其他＿＿＿＿＿＿＿＿

J. 您對本書(系)的建議：＿＿＿＿＿＿＿＿＿＿＿＿＿＿＿＿＿＿＿＿＿＿＿＿＿＿＿
＿＿＿＿＿＿＿＿＿＿＿＿＿＿＿＿＿＿＿＿＿＿＿＿＿＿＿＿＿＿＿＿＿＿＿＿＿＿
＿＿＿＿＿＿＿＿＿＿＿＿＿＿＿＿＿＿＿＿＿＿＿＿＿＿＿＿＿＿＿＿＿＿＿＿＿＿

K 您對本出版社的建議：＿＿＿＿＿＿＿＿＿＿＿＿＿＿＿＿＿＿＿＿＿＿＿＿＿＿＿
＿＿＿＿＿＿＿＿＿＿＿＿＿＿＿＿＿＿＿＿＿＿＿＿＿＿＿＿＿＿＿＿＿＿＿＿＿＿

讀者小檔案

姓名：＿＿＿＿＿＿＿＿＿　性別：□男 □女　生日：＿＿＿年＿＿＿月＿＿＿日

年齡：□20歲以下□21～30歲□31～50歲□51歲以上

職業：1.□學生 2.□軍公教 3.□大眾傳播 4.□服務業 5.□金融業 6.□製造業 7.□資訊業 8.□自由業 9.□家管 10.□退休 11.□其他＿＿＿＿＿＿＿＿＿＿＿＿＿＿＿

學歷：□國小或以下 □國中 □高中／高職 □大學／大專 □研究所以上

通訊地址：＿＿＿＿＿＿＿＿＿＿＿＿＿＿＿＿＿＿＿＿＿＿＿＿＿＿＿＿＿＿＿＿＿

電話：（H）＿＿＿＿＿＿＿＿＿（O）＿＿＿＿＿＿＿＿＿傳真：＿＿＿＿＿＿＿＿

行動電話：＿＿＿＿＿＿＿＿＿E-Mail：＿＿＿＿＿＿＿＿＿＿＿＿＿＿＿＿＿＿＿

大方送 —— 正宗韓式料理首選 新韓館

★憑本券至新韓館

可享 **9** 折優惠（本券無使用期限限制）

營業時間：AM11：30〜PM10：30
地址：台北市天母西路13巷6號
TEL：（02）2874-7025〜7

大方送 —— 愛上出國旅遊的滋味

新奇旅行社

★憑本券參加新奇旅行社任一行程

賈 **500** 元

台北市南京東路3段9號10樓之1
（02）2508-2333
//www.korea.com.tw
限至92年6月30日止）

超值大方送 —— 徹底放鬆的唯一選擇

新奇旅行社

★憑本券參加新奇旅行社任一行程

可折賈 **1000** 元

地址：台北市南京東路3段9號10樓之1
TEL：（02）2508-2333
http://www.korea.com.tw
（有效期限92年6月30日止）

值大方送 —— 享受泡湯樂趣 草山文化

草山文化

★憑本券至草山文化

可享受免費泡湯 **1** 次（本券無使用期限限制）

地址：台北市天母行義路260巷一號
TEL：（02）2871-2881

值大方送 —— 免費來店禮 草山文化

 草山文化

★憑本券至草山文化用餐

可獲贈韓式美味泡菜 **1** 份（本券無使用期限限制）

地址：台北市天母行義路260巷一號
TEL：（02）2871-2881

超值大方送

使用本折價券注意事項：

◇ 本券限用一次，每次限用一張。

◇ 本折價券不得和其他優惠券合併使用。

◇ 本折價券為非賣品，不得折換現金，亦不可買賣。

◇ 若有使用上問題，歡迎來電詢問

新韓館： （02）2874-7025～7

大都會文化讀者專線 (02)27235216

超值大方送

使用本折價券注意事項：

◇ 本券限用一次，每次限用一張。

◇ 本折價券不得和其他優惠券合併使用。

◇ 本折價券為非賣品，不得折換現金，
　亦不可買賣。

◇ 若有使用上問題，歡迎來電詢問

新奇旅行社： （02）2508-2333

大都會文化讀者專線 (02)27235216

超值大方送

使用本折價券注意事項：

◇ 本券限用一次，每次限用一張。

◇ 本折價券不得和其他優惠券合併使用

◇ 本折價券為非賣品，不得折換現金
　亦不可買賣。

◇ 若有使用上問題，歡迎來電詢問

新奇旅行社： （02）2508-2333

大都會文化讀者專線 (02)2723521

超值大方送

使用本折價券注意事項：

◇ 本券限用一次，每次一人限用一張。

◇ 本折價券不得和其他優惠券合併使用。

◇ 本折價券為非賣品，不得折換現金，亦不可買賣。

◇ 平日大眾浴池與個人池皆可使用本券。

◇ 例假日及國定假日（包括前一日中午12：00起）本券只適用於大眾浴池

◇ 若有使用上問題，歡迎來電詢問。

草山文化： （02）2871-2881

大都會文化讀者專線： （02）2723-5216

超值大方送

使用本折價券注意事項：

◇ 本券限用一次，每次一人限用一張。

◇ 本折價券不得和其他優惠券合併使用。

◇ 本折價券為非賣品，不得折換現金，亦不可買賣。

◇ 本券不適用於宴席。

◇ 若有使用上問題，歡迎來電詢問。

草山文化： （02）2871-2881

大都會文化讀者專線： （02）2723-5216